Elvis Patrick
Nongluck Suphanchaaimat

Efeitos do emprego rural não-agrícola no melhoramento das explorações agrícolas na Nigéria

Elvis Patrick
Nongluck Suphanchaaimat

Efeitos do emprego rural não-agrícola no melhoramento das explorações agrícolas na Nigéria

ScienciaScripts

Cover image: www.ingimage.com

This book is a translation from the original published under ISBN 978-3-659-86256-4.

Publisher:
Sciencia Scripts
is a trademark of
Dodo Books Indian Ocean Ltd. and OmniScriptum S.R.L publishing group

120 High Road, East Finchley, London, N2 9ED, United Kingdom
Str. Armeneasca 28/1, office 1, Chisinau MD-2012, Republic of Moldova, Europe
Printed at: see last page
ISBN: 978-620-8-36258-4

ÍNDICE

RESUMO

O objetivo desta investigação é apresentar as estratégias dos agricultores para se envolverem em empregos não agrícolas no Estado de Taraba, na Nigéria, e analisar os factores que influenciam o investimento agrícola dos inquiridos. O estudo utilizou métodos de investigação quantitativos, entrevistando 76 agregados familiares rurais em 11 aldeias, utilizando uma amostragem intencional. Os dados recolhidos incluem as condições socioeconómicas dos inquiridos e os seus rendimentos não agrícolas, que foram analisados com a utilização do SPSS. Os inquiridos tinham rendimentos não agrícolas estáveis (40,8%) e os restantes tinham rendimentos não agrícolas instáveis. O grupo de fontes de rendimento estáveis era constituído por funcionários públicos e trabalhadores na cidade, enquanto o grupo de fontes de rendimento instáveis era constituído por empresários/mercadorias e técnicos. Os factores determinantes do tipo de melhoramento da exploração foram analisados em função da idade dos inquiridos, do seu nível de instrução, da dimensão da terra, da rede social, do acesso a empréstimos e do tipo de rendimento não agrícola e do investimento na educação dos filhos, que foi tratado como uma escolha alternativa.

O resultado do modelo logístico revelou que todas as variáveis estimadas tinham os sinais esperados e que 3 variáveis eram estatisticamente significativas. Estas variáveis foram o nível de educação mais elevado dos inquiridos (universitário e superior), a rede social e o rendimento, com um intervalo de confiança de 95%. Os resultados revelam que todos os inquiridos usaram o seu rendimento não-firma para melhorar a sua empresa; 44,7% na criação de gado para fins comerciais e 55,3% na expansão da empresa para segurança alimentar. Todos os inquiridos também utilizam o seu rendimento não agrícola para a educação dos filhos. É importante notar que o grupo estável com rendimentos não agrícolas tende a gastar mais na educação dos filhos, enviando-os para uma escola privada, enquanto o outro grupo frequenta a escola pública.

Os resultados deste estudo levam à recomendação de que a educação, a rede social e o rendimento foram importantes para a melhoria da empresa na área estudada. Por conseguinte, é importante que as autoridades se concentrem na criação de emprego na área estudada, a fim de proporcionar trabalho não agrícola a grupos de pessoas com baixo nível de instrução e marginais, porque o rendimento não agrícola demonstrou ser essencial para os agricultores melhorarem a sua empresa e a educação dos filhos, independentemente dos tipos de rendimento não agrícola.

DEDICAÇÃO

Este trabalho de estudo independente é dedicado à minha mulher, Shella Bongkiyung, que tem sido uma fonte constante de apoio e encorajamento durante os desafios da pós-graduação e da vida. Estou verdadeiramente grato por a ter na minha vida. Este trabalho é também dedicado a Lisa Elvis Berinyuy, a minha filha, por ser forte e aguentar as duras condições da vida enquanto procuro obter este diploma. Este trabalho é também dedicado aos pais, Sr. Kinsomu Patrick e Maryann Patrick, que sempre me amaram incondicionalmente e cujos bons exemplos me ensinaram a trabalhar arduamente pelas coisas que ambiciono alcançar.

RECONHECIMENTO

A Professora Associada Nongluck Suphanchaimart foi a orientadora ideal do estudo. Os seus conselhos sábios, as suas críticas perspicazes e o seu encorajamento paciente ajudaram de inúmeras formas a redação deste estudo independente. Gostaria de agradecer ao Sr. Somkid Naprom por me ter orientado na utilização do Statistical Package for Social Sciences (SPSS). Estendo também os meus sinceros agradecimentos aos colegas estudantes de mestrado que estiveram sempre presentes para partilhar a sua experiência e conhecimentos na resolução de desafios metodológicos complexos. Agradeço especialmente ao Sr. Lamin S. Sanyan por ter partilhado a sua experiência de investigação, o que me ajudou a desenvolver a minha formação em gestão do desenvolvimento rural, que serviu de base para a redação do meu relatório de estudo independente. A recolha de dados foi uma parte importante do meu estudo independente. Agradeço a todos os inquiridos que tomaram a iniciativa e o tempo de me darem uma resposta sincera às perguntas do meu inquérito. Agradeço também aos amigos que me ajudaram a recolher os dados na área de estudo em Sarduana. Fui abençoado com pessoas simpáticas e alegres na minha vida, o Sr. Audu, Jude Yong Yeh, Nenka Nkumo e Muele Duilidi Ngoh. Agradeço-lhes sinceramente por partilharem a minha carga de trabalho, por serem flexíveis com o meu horário e por me darem a esperança que me ajudou a acreditar nas minhas capacidades. Por último, mas não menos importante, agradeço à minha família e aos meus sogros, nomeadamente a Alhaji Ahmed Musa, Yong Yeh Jude, Glory Bongkiyung, Doris Shemi, Collins Patrick, Calistus Patrick, Nives Patrick, Divine Patrick e Catherine Patrick, por me terem dado um apoio moral e amor contínuos que me motivaram a manter-me concentrado para alcançar os vários objectivos do meu percurso.

TABELA DE ABREVIATURAS

AfDB	-	Africa Development Bank
AU	-	African Union
CBN	-	Central Bank of Nigeria
DFID	-	Department for International Development
FAO	-	Food and Agricultural Organisation
FGN	-	Federal Government of Nigeria
IFAD	-	International Fund for Agricultural Development
LGA	-	Local Government Area
NBS	-	National Bureau of Statistics of Nigeria
NEEDS	-	National Economic Empowerment and Development Strategy
NEPAD	-	New Partnership for African Development
MDGs	-	Millennium Development Goals
OECD	-	Organization for Economic Cooperation and Development
RNFE	-	Rural Non-farm Economy
RNFE	-	Rural Non-farm Employment
SLF	-	Sustainable Livelihoods Framework
UNDP	-	United Nations Development Programme
WDR	-	World Development Reports (The World Bank)

CAPÍTULO 1

1INTRODUÇÃO

Em geral, a essência da agricultura na redução da pobreza vai além da forma como os agricultores melhoram a sua produtividade agrícola, mas mais poderia ser feito fora do sector agrícola, como a transferência de rendimentos do sector não agrícola para melhorar a agricultura. Como afirmam (Anselm et.al. 42010), a expansão das explorações agrícolas era uma forma de aumentar o rendimento agrícola no passado, mas estava muito associada à desflorestação e à queima de arbustos, o que poderia dificultar as alterações climáticas. Além disso, a maior parte da área agrícola era alimentada pela chuva, o que era altamente determinado pela dotação de recursos. A maior parte dos agricultores não dispunha de formação, informação e sensibilização, o que levou à degradação dos recursos. O resultado desta depleção de recursos prejudicou a pobreza rural. Por conseguinte, para reduzir a pobreza, é fundamental adotar uma estratégia de desenvolvimento fora da agricultura. Atualmente, mais de 70% da população mais pobre do mundo vive em regiões rurais (Ravallion, 2009) e está envolvida numa série de actividades não agrícolas como estratégia de subsistência para combater a pobreza rural.

Ao longo do caminho do desenvolvimento, uma diminuição significativa dos produtos agrícolas das famílias rurais é obrigada a participar em diferentes actividades não agrícolas para manter e melhorar os seus meios de subsistência. Compreender o fator que influencia as várias estratégias de subsistência é fundamental para melhorar os esquemas de resposta para fazer face à segurança alimentar e melhorar os meios de subsistência na Nigéria.

No passado, o emprego não agrícola era ignorado na maioria das políticas e programas de desenvolvimento rural, a atenção concentrava-se sobretudo nos rendimentos resultantes da produção agrícola, enquanto a opção de melhorar a produtividade da empresa, bem como de melhorar os seus meios de subsistência através de sistemas de cultivo melhorados, que são financiados com rendimentos não agrícolas, recebia pouca atenção. Um dos principais factores determinantes das estratégias de subsistência utilizadas pelos pobres das zonas rurais é o seu acesso à educação, à rede de contactos, à rede social, às políticas governamentais e às leis que dão aos pobres o direito de utilizar os meios de subsistência de que dispõem para o seu bem-estar. O conceito de meios de subsistência revela os factores que influenciam a decisão dos pobres das zonas rurais de diversificar as suas estratégias para actividades não agrícolas como forma de combater a pobreza e gerir outras necessidades financeiras. As políticas governamentais, as leis e as práticas estabelecidas indicam o complexo quadro social, financeiro e político em que os indivíduos procuram obter os seus meios de subsistência. Os indivíduos adoptam diferentes tipos de estratégias de subsistência para satisfazer as suas necessidades em constante mudança. No contexto da Nigéria, as actividades agrícolas não se limitam à agricultura, mas incorporam frequentemente actividades não agrícolas para expandir e satisfazer as necessidades da família. As estratégias de subsistência utilizadas pelas populações rurais pobres incluem actividades agrícolas e migração. Os projectos de segurança social também podem ajudar as populações rurais pobres a conseguir os seus próprios meios de subsistência específicos. A dependência da agricultura de sequeiro, com um longo período de desemprego, constitui o principal fator de afastamento das pessoas da economia rural. Calcula-se que mais de 50% da população se dedica à agricultura e permanece na pobreza. Devido a esta dependência da agricultura e à sua relação com a pobreza, a análise das estratégias de subsistência disponíveis para as populações rurais pobres revela uma melhor compreensão do potencial de diversificação dos rendimentos. Além disso, oferece a possibilidade de melhorar os meios de subsistência e reduzir a pobreza, ao examinar a importância relativa do rendimento e do trabalho por conta própria, o que constitui uma chave para uma melhor orientação da conceção de programas destinados a aliviar a pobreza rural (Woldenhanna e Oskam, 2001). Em algumas partes de África, até 42% do rendimento rural agregado provém de actividades económicas não agrícolas (Barrett et al, 2000; Reardon, 2001), que parecem estar a aumentar rapidamente. (MP, 2005).

Como a economia se desenvolveu rapidamente, os salários provinciais mais elevados tenderam a expandir-se e criaram emprego fora da agricultura, o que ajudou a desenvolver gradualmente a agricultura, como se viu na África Subsariana. Além disso, a economia não agrícola alterou-se gradualmente, oferecendo salários mais baixos após o ajustamento (Haggblade et al, 2002). Estas ligações sólidas entre o crescimento da agricultura e da economia não agrícola estão a dar espaço às nações pobres para reorientarem as suas actividades económicas para sectores onde o desenvolvimento foi mais rápido, bem como para trabalharem no sentido de melhorar o sector primário, como a agricultura.

Ultimamente, a importância do emprego rural não agrícola mostra que 25% da população da Nigéria trabalha a tempo inteiro fora da agricultura e representa 35-40% dos rendimentos rurais. De acordo com os resultados obtidos em Andhra Pradesh e Madhya Pradesh, na Índia, cerca de 40% dos salários nas cidades revistas provêm de actividades não agrícolas. Este aumento não se limita aos ricos - os 20% mais pobres da população, em geral, obtêm 30% do seu salário a partir de rendimentos não agrícolas. As estratégias de subsistência disponíveis procuradas pela população rural no Estado de Taraba, na Nigéria, não foram objeto de um estudo pormenorizado, pelo que esta investigação teve por objetivo identificar as estratégias de subsistência existentes adoptadas pelas famílias rurais e os factores que determinam a escolha das estratégias de subsistência disponíveis por parte das famílias no Estado de Taraba, na Nigéria.

Este inquérito transversal fornece subsequentemente informações sobre as várias estratégias que as populações rurais pobres adoptaram para sobreviver. A obtenção de uma boa compreensão dos factores que influenciam os agricultores a envolverem-se em empregos não-agrícolas, o efeito do emprego rural não-agrícola na melhoria das explorações agrícolas e a medida em que levou à redução da pobreza por diferentes categorias de não-agrícolas, é essencial para a conceção da nova abordagem ao desenvolvimento rural e é, portanto, o foco deste estudo.

1.1. Questões de investigação

1) Quais são as estratégias de subsistência não-firmes na área de estudo?

2) Quais são os efeitos do emprego rural não empresarial na melhoria das empresas?

1.2. Objetivo do estudo

1) Examinar as estratégias de subsistência não agrícolas na zona de estudo.

2) Examinar os efeitos do emprego rural não empresarial no melhoramento das explorações agrícolas.

1.3. Resultados esperados

1) Uma melhor compreensão das estratégias de subsistência não agrícolas e dos seus impactos na melhoria das explorações agrícolas na área de estudo

2) Os resultados podem ser utilizados como pano de fundo para futuras considerações sobre as políticas da administração local.

1.4. Termos operacionais

Os termos operacionais utilizados neste estudo foram definidos da seguinte forma.

1) Estratégia de subsistência: no contexto desta investigação, é vista como uma ação ou um conjunto de actividades que as famílias empregam para ganhar a vida, incluindo actividades agrícolas, não agrícolas ou cortes transversais a ambos os sectores.

2) Emprego rural não agrícola: quando todo o trabalho remunerado é efectuado fora da agricultura.

3) Não-agrícola estável: o tipo de trabalho não agrícola que proporciona um fluxo constante de rendimentos

4) Não-empresa instável: o tipo de trabalho não-firma que proporciona um fluxo de rendimento instável

5) Melhoramento das explorações agrícolas: neste contexto, o investigador limita-se a dois tipos de melhoramento das explorações agrícolas, que são basicamente a produção de culturas de base, como o milho, que serve de segurança alimentar, e a produção de gado para fins comerciais.

6) Investimento nas explorações agrícolas: para efeitos deste estudo, as categorias são duas: segurança alimentar, como as famílias que investiram na cultura do milho e na criação de gado doméstico, como galinhas e cabras, e agricultura comercial, como as famílias que investiram principalmente em gado de carne para gerar rendimentos.

CAPÍTULO 2

REVISÃO DA LITERATURA

2.1. A filosofia e os conceitos de meios de subsistência rurais

O conceito de meios de subsistência e de quadro de subsistência sustentável tornou-se uma peça vital do desenvolvimento rural e da redução da pobreza nos últimos tempos. Os meios de subsistência nas zonas rurais incluem várias realizações de que as famílias rurais dependem para a sua sobrevivência e bem-estar, bem como os meios de subsistência caracterizados como indivíduos, as suas capacidades e o seu método de sobrevivência, incluindo o sustento, o rendimento e o desenvolvimento de recursos. Stephen e Lenihan (2010) também afirmaram que as estratégias de subsistência podem ser organizadas em exercícios baseados em activos comuns, como a recolha e a coleta, o cultivo, a criação de animais domésticos, etc., e baseados em activos não naturais, como o emprego, o pequeno comércio, o trabalho especializado e a migração

Anteriormente, o desenvolvimento rural centrava-se na promoção da agricultura para as famílias pobres, a fim de garantir a segurança do seu sustento. Recentemente, a atenção tem-se centrado na diversificação para estimular o emprego não agrícola, o acesso a meios de subsistência sustentáveis a bens e oportunidades de base comum (Freeman et al. 2004) e a aquisição de administrações de ajuda social para apoiar unidades familiares indefesas e sem terra.

Os trabalhos sobre meios de subsistência concentram-se em questões relativas à adaptação, sobrevivência e metodologias diversas que os pobres rurais adoptam devido a restrições financeiras e de recursos naturais. Estas pessoas vivem na sua busca de rendimentos familiares e de alimentos. Estes instrumentos de adaptação incluem a escolha de opções através da seleção de especulações, do quadro de criação e de alternativas de subsistência. Numerosos autores demonstraram que o declínio do rendimento agrícola e o fracasso do mercado nos países africanos levam os pobres das zonas rurais a embarcar em numerosas actividades não agrícolas como fonte suplementar de rendimento, a fim de compensar a queda do rendimento familiar.

As realizações não agrícolas tendem a ter baixos requisitos de entrada, o que inclui capital orçamental, capacidades e formação que as tornam atractivas. Barrett et al. (2001) observaram que o emprego não agrícola está fortemente associado ao rendimento e à riqueza na maioria das zonas rurais dos países africanos, e parece oferecer um caminho para sair da miséria se as oportunidades não agrícolas puderem ser aproveitadas pelos pobres das zonas rurais. O reconhecimento dos exercícios de pequena escala como fonte essencial de rendimento rural levou Solesbury, W. (2003) a colocar o emprego não agrícola no centro das metodologias de vocação rural.

2.1.1. Quadro de meios de subsistência rurais sustentáveis (QSRP)

A capacidade de os indivíduos procurarem diferentes opções de subsistência depende das condições e materiais fundamentais que significam recursos que os indivíduos possuem ou dos quais dependem para a sua sobrevivência. Estes activos incluem o capital humano, o capital físico, o capital social, o capital financeiro e o capital natural de que os indivíduos dependem para a sua sobrevivência. A acessibilidade ou ausência destes activos determina adicionalmente o grau de vulnerabilidade, desigualdade e miséria.

Capital humano - alude aos conhecimentos, às competências, à qualidade do trabalho, à boa saúde e à capacidade de seguir diversas estratégias de subsistência Solesbury, W. (2003). O capital humano incorpora igualmente elementos nutritivos que se centram nas capacidades físicas, mentais, psíquicas e sociais dos indivíduos para procurarem sistemas vocacionais distintos (Banco Mundial, julho de 1999).

A educação aumenta os rendimentos, o que permite criar um capital que pode ser utilizado para aumentar os rendimentos. Alguns estudos demonstraram que a natureza do capital humano é um fator vital para explicar a pobreza rural em algumas regiões. Tendo em conta os resultados de estudos realizados no Uganda e na Rússia, Aikaeli, 2010, afirma que a educação permite que os indivíduos se habituem às mudanças sociais e técnicas da economia e às flutuações da procura de mão de obra. A importância da educação como fator de aceitação do emprego não empresarial é defendida por E. Fabusoro (2010), que afirma que a educação aumenta as competências e o desenvolvimento da formação, o que aumenta a autoconfiança, estimula as actividades comerciais e aumenta a produção. A direção das ligações entre a pobreza e a educação tem sido demonstrada em ambos os sentidos. Por um lado, a pobreza actua como um fator que impede as pessoas de terem acesso à educação e, por outro lado, considera-se que as pessoas com acesso à educação correm menos riscos de pobreza.

Capital Físico - representa as estruturas essenciais, por exemplo, ruas, transportes, habitação, água, energia e comunicações, meios de produção e os recursos que permitem aos indivíduos exercer actividades de emprego e rendimento

Capital social - significa a ligação de organizações sociais, por exemplo, afiliações familiares, clubes sociais, uniões cooperativas, ligações de confiança e acesso a bases mais alargadas de apoio social que permitem aos indivíduos comunicar com outros e procurar os seus objectivos individuais de subsistência. Inclui igualmente ligações mais alargadas fora das sociedades que os indivíduos utilizam como meio para procurar diversas estratégias de subsistência.

Capital financeiro - alude aos activos financeiros acessíveis aos indivíduos sob a forma de poupanças, créditos, remessas, subvenções ou pensões que lhes permitem criar especulações ou procurar actividades salariais diversas

Capital natural - alude aos activos naturais acessíveis nas sociedades que apoiam diferentes oportunidades de subsistência. Incluem a terra, a água, a vida selvagem, a biodiversidade, as florestas e os recursos ambientais em geral (Banco Mundial 1999). O 'Contexto de Vulnerabilidade' define as estruturas e os métodos que provocam o desamparo dos indivíduos face à incerteza dos meios de subsistência (DFID 1999). Incorpora o dinamismo dos meios de subsistência, por exemplo, as tendências, a sazonalidade, os choques e as culturas em que se baseiam as decisões relativas aos meios de subsistência. Os choques podem ser sob a forma de inundações, secas, guerras civis, fome, pragas e surtos de doenças. Os padrões são mudanças demográficas e ambientais que ocorrem a longo prazo, por exemplo, a sazonalidade e as diferenças étnicas são o outro aspeto dos quadros de vulnerabilidade das metodologias dos meios de subsistência descritas no SLF. O DFID (2007) afirma que as abordagens de auto-subsistência devem ser apoiadas por uma garantia de redução da pobreza rural. Apesar do facto de a autossuficiência poder, em princípio, estar ligada ao trabalho com o projeto de acionistas, uma política compreendida para o DFID é que as actividades devem ser concebidas para tirar o máximo partido dos meios de subsistência para ampliar os benefícios para os indivíduos locais pobres, de acordo com o DFID (2007). As teorias do poder e do género são os outros problemas actuais dos meios de subsistência que interessam ao DFID.

2.1.2. Pobreza: Significado, medição, causas e efeitos.

Tal como indicado, a pobreza envolve dois factores que colaboram entre si, nomeadamente o físico e o social. A privação física retrata a incapacidade de um indivíduo/sociedade de satisfazer as necessidades materiais e fisiológicas essenciais, que pode ser medida como uma ausência de rendimento, que restringe o acesso à alimentação e à educação, saúde, habitação, água e saneamento. A privação social alude ao não aparecimento de componentes que são envolventes, por exemplo, a autonomia, o tempo, a informação, a dignidade e a autoestima. A pobreza pode ser absoluta e relativa. A pobreza absoluta é aquela que pode ser insuperável em todas as ordens sociais, por exemplo, ter que usar água de superfície (ou seja, rios ou riachos), ou ter que gastar pelo menos 30 minutos para recolher água de alguma fonte; enquanto a pobreza relativa indica que o nível de vida dos pobres era pior do que na sociedade em que vivem.

"Asper Olawepo, (2010), a maioria da população rural na Nigéria ou depende totalmente da agricultura e das actividades agrícolas para a sua sobrevivência e fonte de rendimento, ou depende de outras realizações não agrícolas para complementar as suas principais fontes de rendimento. A maioria dos agricultores tem activos limitados, uma variável que limita os seus ganhos, salários, fundos de reserva e empreendimentos" (Vosanka I.P, 2014).

O ponto importante na medição da pobreza é saber quem é pobre? Que número de indivíduos são pobres? E onde se situam os pobres? Foster et al (1984) indicaram que as medidas mais utilizadas eram: (i) o índice de pobreza de contagem de cabeças, dado pela percentagem da população abaixo do limiar de pobreza; (ii) o índice do fosso de pobreza revela a complexidade da pobreza, tendo em conta o rendimento médio dos pobres em comparação com o limiar de pobreza; e a distribuição associa medidas complexas do fosso de pobreza, caracterizadas como a média do fosso de miséria proporcional, que revela a gravidade da miséria. Segundo Ajakaye e Adeyeye (2001), os choques macroeconómicos, o fracasso das políticas, o baixo crescimento económico e as deficiências do mercado de trabalho são as principais causas da pobreza na Nigéria. Em 2003, o Banco Central da Nigéria concluiu que a falta de oportunidades de negócio, a ausência de oportunidades de emprego, o acesso deficiente a equipamentos sociais e de infra-estruturas, o acesso inadequado a bens físicos e uma política pública ineficaz em matéria de gestão dos recursos naturais, a incapacidade de envolver/incorporar as populações rurais pobres em projectos desenvolvidos que visam as populações pobres eram as principais causas do aumento da pobreza.

A taxa de indigência tem vindo a aumentar na Nigéria, passando de 28,1% em 1980 para 44,0% em 1992, 65,6% em 1996 e 69% em 2010 (NBS, 2010). Apesar dos métodos de redução da pobreza recebidos na Nigéria, a ocorrência de miséria nas zonas rurais continua a ser elevada (PNUD, 2008). A causa pode ser atribuída à abordagem incorrecta da redução da miséria rural, que se centra na produção agrícola e pecuária, sem pensar numa abordagem abrangente que englobe a economia não agrícola e a economia de apoio.

2.1.3. Pobreza rural

É geralmente referido em numerosos textos que as taxas de miséria são mais elevadas nas regiões rurais das economias em desenvolvimento. É certo que a principal fonte de subsistência destes habitantes rurais é a agricultura. **Sen (1999)** confirmou que durante os anos em que as actividades económicas não agrícolas aumentam, a pobreza rural diminui, o que torna as actividades económicas rurais não agrícolas cruciais para reduzir a pobreza rural e, além disso, para assegurar uma subsistência adequada nos agregados familiares dos pequenos proprietários e dos trabalhadores agrícolas sem terra. O FIDA (2011) sustenta que a remuneração proveniente de actividades não agrícolas ajuda a família minúscula a superar a fome e, através de uma "adaptação" adequadamente gerida, as famílias minúsculas podem beneficiar da globalização e escapar à miséria. As actividades económicas não agrícolas podem possivelmente reduzir o desemprego rural crescente, dando mais oportunidades aos jovens, às mulheres e a outros grupos indefesos. Na Nigéria, a agroindústria contribui para a maior parte das oportunidades de emprego rural e uma grande parte das unidades familiares do país depende completamente da agricultura para a sua subsistência. Por conseguinte, os rendimentos obtidos no sector agrícola são uma condição prévia para o desenvolvimento económico auto-sustentado (Obike et al. 2011).

Há ainda outros textos sólidos que recomendam que a melhor forma de melhorar o bem-estar das famílias e reduzir a pobreza nos países em desenvolvimento é através do melhoramento agrário (Collier & Dercon 2009). Há numerosos relatos na literatura que sugerem a agricultura como uma instituição do processo de desenvolvimento e também como uma influência significativa na redução da pobreza através da revolução verde. Montalvo e Ravallion (2009) dão como exemplo o impulso fundamental para a realização do florescimento da China contra a miséria absoluta. De acordo com numerosos escritos, a agricultura, por si só, não foi capaz de tirar as famílias da miséria. Alguns autores consideram que a melhor abordagem para melhorar os meios de subsistência das populações rurais pobres e reduzir a pobreza consiste em aumentar a eficiência da utilização dos recursos de que as pessoas dependem para o seu rendimento e subsistência. Estes recursos incluem a agricultura e as actividades não empresariais.

A maioria das famílias nigerianas são agricultores e constituem a espinha dorsal da economia da Nigéria. Estão mal equipados em termos de activos e rendimentos, mas estes agricultores de subsistência representam até 95% e produzem a maior quantidade de alimentos para alimentar a nação. A taxa de pobreza entre as unidades familiares agrárias do Estado é persistentemente muito mais elevada, como afirmam as microprovas de vários estudos nacionais sobre a pobreza efectuados pelo Banco Mundial, PNUD, DFID, UNECA, IFAD, ADB e FAO. Numerosas nações que tinham taxas de desenvolvimento genuinamente elevadas conseguiram reduzir a pobreza rural, por exemplo, o Vietname, com mudanças na área, liberalização do câmbio e do valor; o Bangladesh, com a subida do rendimento agrícola e não agrícola do país e custos mais baixos do arroz resultantes das inovações actuais; e no Uganda, as mudanças económicas e uma explosão subsequente na produção de café ajudam a alavancar a situação económica (Banco Mundial 2008).

Christiaensen e Demery (2007), na sua investigação sobre o agronegócio e a miséria em África, concluíram que o desenvolvimento que começa na agricultura é, em geral, fundamentalmente mais redutor da pobreza do que o desenvolvimento que começa fora da agricultura. Ao clarificar as medidas para alcançar o desenvolvimento e a segurança do sustento, o relatório do Banco Mundial (2008: 19) expressa que as nações da África Subsariana representam 80% da população rural nos países em desenvolvimento. Uma projeção de 59% da redução da miséria agregada do Gana deveu-se ao declínio da pobreza rural. A melhoria da produtividade nos países emergentes impulsionou o sucesso internacional da agricultura. Melhor inovação e melhor estratégia têm sido fontes significativas de desenvolvimento". O relatório do Banco Mundial demonstrou que, para as unidades familiares mais pobres, os salários não-firma e os salários da horticultura representam normalmente uma parte maior do agregado familiar, indo de 77% no Gana a 59% na Guatemala, do que para as famílias mais ricas. Além disso, na Ásia, na América Latina e em alguns países de África (Malawi e Nigéria), os salários agrícolas são mais importantes para as famílias com baixos rendimentos do que para as famílias com rendimentos elevados (Banco Mundial 2008).

Alguns estudos recomendam que as forças da agricultura para reduzir a pobreza diminuem à medida que as nações se desenvolvem ou enriquecem (Christiaensen e Demery 2007, Ligon e Sadoulet 2008). Ravallion e Chen (2007) estimam que o crescimento agrícola teve um impacto quatro vezes mais significativo na redução da miséria do que o crescimento nos sectores secundário e terciário nas sociedades rurais chinesas. O crescimento da agricultura é aceite como um motor mais importante do desenvolvimento geral nos países onde a oferta do seu sector é enorme (Cervantes-Godoy e Dewbre 2010). Foi referido que o crescimento do segmento hortícola apresenta um multiplicador mais elevado do que a expansão noutras realizações não agrícolas (Bresciani e Valdes 2007). Existe um acordo estabelecido sobre a lista geral de factores necessários: acesso a mercados de rendimento e de insumos acomodados por um bom transporte, comercialização, processamento e organização; impostos não discriminatórios e dogma comercial; altas taxas de investimento em investigação agrária e extensão; um sistema de direitos de propriedade que inspira a iniciativa; ocupação criando progressão não-firma; organizações que funcionam bem; boa governação, etc. (Cervantes-Godoy e Dewbre 2010).

As ligações entre a agricultura e a redução da miséria foram descritas por Cervantes Godoy e Dewbre (2010) como sendo moldadas através de quatro sistemas de transmissão: efeito direto do aumento do desempenho agrícola no rendimento das famílias rurais; efeito de alimentos mais baratos para as famílias desfavorecidas, tanto urbanas como rurais; a geração de oportunidades económicas no emprego agrícola e não agrícola; e o importante papel da agronomia no estímulo à mudança económica, à medida que os países se transformam da produção agrícola para uma base mais ampla de indústria e serviços. Bresciani e Valdes (2007) contribuem com uma análise sistemática que tem em conta os três canais principais que consideram estar ligados ao desenvolvimento rural e à pobreza através do mercado de trabalho, dos salários agrícolas e do preço dos alimentos.

2.1.4 Desemprego e pobreza: Implicações para a segurança nacional e a boa governação na Nigéria

A pobreza é vista como a condição de ser pobre; deficiência; inadequação ou escassez. A miséria é um estado de falta de bens ou de salário. Na sua estrutura mais ampla, a miséria é uma ausência de necessidades humanas essenciais, por exemplo, alimentação satisfatória e nutritiva, vestuário, alojamento e cuidados de saúde. Além disso, a miséria identifica-se com outras coisas, por exemplo, a pobreza de informação. A pobreza, na sua utilização mais conhecida, pode ser caracterizada como a falta de meios para satisfazer as necessidades humanas (Adefolalu 1992). No entanto, a miséria não influencia apenas o indivíduo, mas também classes de indivíduos, ordens sociais inteiras e países.

Na Nigéria, o subgrupo dos pobres inclui os desempregados, os que têm um baixo nível de instrução e as famílias chefiadas por mulheres (NBS, 2009). De acordo com Adefolalu (1992), a miséria é criada por aquilo a que se pode chamar "forças exógenas" ou forças fora do controlo de uma pessoa singular, por exemplo, excesso de população, elevado requisito de vida, custo elevado dos artigos básicos, educação inadequada, desemprego e degradação ambiental; e é também causada por "forças endógenas" ou forças que operam no seio das vítimas, como exemplificado pela responsabilidade individual e dependência do bem-estar, sendo assim auto-criada. Por zona geológica, a miséria divide-se uniformemente entre zonas urbanas e rurais, embora a gravidade da pobreza seja maior nas zonas urbanas. As pressões económicas dos pobres, juntamente com o elevado desemprego dos jovens, contribuíram para o aumento dos problemas de criminalidade.

Para além disso, esta problemática é particularmente intensa entre os jovens do sexo masculino, na maior parte dos casos, a miséria é uma condição que, de certa forma, desumaniza o indivíduo devido às diferentes incapacidades que lhe causa. A pobreza faz com que os indivíduos experimentem os efeitos nocivos da falta de saúde extrema, das doenças, da fome e da guerra.

2.2Panorâmica do emprego rural não agrícola

Existem trabalhos empíricos insignificantes sobre a estrutura e os procedimentos das mudanças dos meios de subsistência rurais na Nigéria e noutros países subsarianos. Além disso, não se compreende adequadamente o seu papel e empenho na redução da pobreza e no processo de desenvolvimento económico nacional mais amplo. Em alternativa, outro autor observou que a atual estrutura do emprego rural não agrícola nas economias em desenvolvimento resulta de uma transformação económica em curso que avançou ao longo de numerosas épocas e a diferentes velocidades em nações e regiões distintas. Reardon et al. (2002)

O emprego rural não agrícola refere-se a todas as actividades económicas rurais fora da agricultura. De acordo com Haggblade et al. (2002), incorpora o trabalho por conta própria ou assalariado, a tempo inteiro ou de baixa manutenção, formal ou ocasional, estável e autóctone, estabelecido ou de produção. Estes autores afirmam que o processo começa normalmente com uma aldeia rural dominada por famílias auto-suficientes que produzem a maior parte dos bens e serviços agrícolas e não agrícolas de que necessitam. À medida que a população rural aumenta, o que leva a um aumento dos excessos agrícolas em alguns produtos e a maiores perspectivas de comércio. As teses esclareceram que as ligações são regressivas e progressivas. As ligações regressivas desenvolvem-se através do interesse dos factores de produção agrícola, por exemplo, sementes melhoradas, pesticidas, compostos, dispositivos e maquinaria. Do mesmo modo, as ligações de utilização foram consideradas imperativas à medida que os rendimentos das empresas aumentam, uma vez que conduzem a um aumento da procura de bens e serviços produzidos nas cidades e comunidades vizinhas. Isto mostra as ligações potenciais entre o emprego agrícola e não agrícola, incluindo o fornecimento de mão de obra e dinheiro entre si. Com o aumento da produtividade na agricultura, a mão de obra é libertada ou os salários aumentam e o novo excedente agrícola seria uma fonte de capital para investimento no emprego não agrícola. Para concluir o círculo, o autor afirmou que o crescimento do emprego não agrícola permitia um maior crescimento da produtividade das empresas rurais através da redução dos custos dos factores de produção (ligações a montante) e dos lucros investidos de novo nas actividades agrícolas e nas mudanças tecnológicas. Como consequência, desenvolve-se um maior comércio entre as famílias rurais, os centros de mercado das pequenas aldeias e as cidades rurais. Este processo de transformação estrutural ajuda a desenvolver infra-estruturas que conduzem à redução dos custos de produção e de transporte e aumentam o acesso ao mercado nas comunidades rurais. Assim, o crescimento nos dois sectores deve ser reforçado em conjunto, com o rendimento e o emprego a crescerem num padrão disseminado. Haggblade et al. (2002), esclarecem que, à medida que o processo de mudança se desenvolve, a população rural começa a ter em conta as suas capacidades individuais, o mercado e as oportunidades de emprego disponíveis. Estes autores são da opinião de que algumas actividades indígenas não agrícolas, inicialmente realizadas pelas famílias rurais para seu próprio consumo, se transformam em empreendimentos lucrativos. Como resultado, desenvolvem-se inúmeras trocas comerciais entre as famílias rurais, podem surgir pequenos centros de mercado nas aldeias e cidades rurais. Esta metodologia de mudança estrutural serve para criar um quadro que leva à redução dos custos de produção e de transporte e ao aumento do acesso ao mercado nas sociedades rurais.

As ligações entre as sociedades rurais e urbanas prosseguem, os aglomerados urbanos tornam-se importantes centros de trabalho, bens e serviços. Tal como referido por Haggblade *et al.* 2002. Isto cria novas perspectivas de mercado para os produtos agrícolas e para o emprego não agrícola. Isto ajuda a expandir o interesse pelos produtos agrícolas rurais, aumentando consequentemente as actividades comerciais entre os grupos rurais e urbanos. Haggblade *et al.* (2002) afirmam que a maior procura de bens urbanos que resulta destas ligações leva a um aumento da subcontratação de numerosos processos de fabrico de pequena escala para empregos locais não agrícolas, aumentando as oportunidades de emprego e o rendimento das populações rurais circundantes. Alguns estudos demonstraram que o desenvolvimento do emprego rural não económico depende das ligações urbano-rurais, das instituições e do estado das infra-estruturas e dos serviços públicos. O emprego rural não agrícola ajuda a absorver o excedente de mão de obra rural, oferece actividades mais rentáveis para complementar o rendimento agrícola, explora as vantagens comparativas locais (activos, área e custos de mão de obra), promove o crescimento rural e melhora o bem-estar, os bens e os serviços nas regiões rurais (Davis e Bezemer 2003). A literatura mostra que alguns elementos institucionais e de política governamental podem apoiar ou dificultar a população que deseja aumentar os seus rendimentos de subsistência (Ellis 2001a).

2.2.1. Emprego rural não agrícola na Nigéria

O emprego rural não agrícola (RNF) em África, especialmente na Nigéria, está genuinamente distribuído de forma transversal ao comércio. Estão ligados especificamente à agroindústria e, em geral, são mais informais do que formais (Reardon, 1997). Haggblade et al (1987) descobriram que os serviços, o comércio e a restauração são os empregos não-firmes que se desenvolvem mais rapidamente. Mais importante ainda, as realizações não agrícolas estão normalmente relacionadas com o rendimento e os activos na África rural e podem oferecer uma saída parcial da miséria se as oportunidades não agrícolas puderem ser aproveitadas pelos pobres rurais (Barrett et al, 2001).

Na Nigéria, o emprego fora e fora da empresa simboliza uma componente importante na melhoria dos meios de subsistência rurais das populações pobres. Como consequência da densidade populacional e da queda dos bens comuns, a atividade empresarial não pode continuar a ser a principal fonte de subsistência das populações rurais pobres. De acordo com Haggblade (2005), a agroindústria continua a ser a fonte de subsistência da maioria das economias rurais, tendo em conta a medida dos rendimentos do emprego rural não-agrícola, a conceção colectiva das economias rurais tem permanecido puramente agrícola, o que é obviamente obsoleto. No caso da Nigéria, a parte da agricultura no produto interno bruto (PIB) diminuiu de 47,6% em 1970 para 30,8% em 1980 (Aigbokhan, 2000) e, em 2001, a parte da agricultura era de 34,4% (NBS 2006).

2.2.2 O papel das actividades não agrícolas na melhoria das explorações agrícolas

Ligações entre explorações agrícolas e não agrícolas - é uma ideia utilizada para clarificar a relação entre o emprego empresarial e não agrícola na economia rural. Quando a produtividade das explorações agrícolas aumenta, o rendimento das famílias rurais aumenta e a procura suplementar das famílias é desencadeada pela expansão das explorações agrícolas, o que tem um efeito multiplicador muito elevado no resto da economia, predominantemente em economias fechadas, que é, na prática, a situação de muitas economias rurais emergentes devido aos elevados custos de exploração. A reflexão sobre as ligações entre emprego agrícola e não agrícola procura descobrir se o desenvolvimento de um sector está a impedir a sobrevivência ou o desempenho do outro sector, ao competir por inputs e recursos escassos. As ligações entre os sectores agrícola e não agrícola variam consoante a região e o tempo, são dinâmicas e interactivas e podem eventualmente estender-se em qualquer direção.

As ligações de consumo ocorrem quando o rendimento adquirido de uma das duas partes é utilizado para comprar os produtos da outra. Foi demonstrado que o crescimento dos rendimentos agrícolas proporciona a expansão do emprego rural não agrícola ao criar a procura de produtos não agrícolas (Haggblade *et al.* 2002). O facto subjacente é que o crescimento do emprego não-firma estimula a expansão da despesa na produção da empresa. As ligações de investimento descrevem a correlação que existe quando o investimento de capital realizado num dos segmentos é utilizado para o desenvolvimento do outro (FIDA 2009b). Alguns autores defendem que esta é uma ligação essencial nas regiões rurais, onde o acesso ao capital monetário é bloqueado por um acesso deficiente aos serviços financeiros. Sem recursos de arranque para o investimento.

Os pobres das zonas rurais têm tendência a gastar o seu salário mais elevado ou novo em bens e serviços de qualidade superior, tecnologia moderna e superior que são normalmente subprodutos urbanos. A suposição de que os produtos e serviços rurais tendem a diminuir a sua importância com o aumento dos rendimentos rurais parece ter-se concentrado nas actividades de produção não agrícolas que têm lugar na região rural (FIDA 2009b). Isto, até certo ponto, não se relaciona com a maioria das nações africanas, uma vez que a maioria das actividades das empresas rurais são de pequena escala e a população rural não consegue aumentar os seus rendimentos apenas com as actividades agrícolas.

Para que a economia rural seja sustentável, é essencial que tanto o emprego agrícola como o não-agrícola se inter-relacionem e se apoiem mutuamente para se complementarem e reforçarem as actividades de rendimento. A literatura apresenta dois pontos de vista diferentes quanto à estratégia mais importante adoptada pelos pobres para sobreviverem na economia rural. Alguns autores afirmam que a agricultura é a principal fonte de melhoria dos meios de subsistência rurais (Collier e Gunning 1997), enquanto outros afirmam que o emprego não-agrícola tem o potencial de contribuir para a melhoria dos meios de subsistência rurais (Haggblade *et al.* 2002, Reardon *et al.* 2007, Kusters 2010). Apesar das duas perspectivas distintas, a parte dominante da escrita demonstra que as unidades familiares rurais nos países em desenvolvimento estão a descobrir as dificuldades de empregar a rentabilidade nas actividades agrícolas e têm vindo a diversificar para o emprego não-agrícola (IFAD 2009b, 2011 e 2012).

Em conclusão, a literatura mostra que, nos países em desenvolvimento, o segmento agrícola é significativamente mais do que a simples atividade agrícola (Escobal 2005). Pensa-se que o emprego não agrícola nos países em desenvolvimento tem vindo a ganhar importância ao longo do tempo, enquanto a importância relativa das actividades agrícolas tem vindo a diminuir (Kuters 2010). Muitos autores distinguiram este processo como "desagrarização" de diversas formas. Bryceson (1996) descreve-o como uma metodologia de "desagrarização", enquanto Bouahom et al. (2004) lhe chamam "despagrarização" para o mesmo procedimento e um resultado desta metodologia é que a entrada na terra já não é uma condição prévia para a mitigação da pobreza (Kusters 2010: 321).

A maioria das sociedades rurais africanas tem vindo a tornar-se menos agrárias e a participar numa grande variedade de actividades não agrícolas, por exemplo, trabalho remunerado, trabalho independente, comércio e serviços. Assim, a "desagrarização" define as estratégias de subsistência no âmbito das quais as populações rurais pobres se tornam mais agrárias à medida que dependem cada vez mais de rendimentos não agrícolas. Este facto reflecte um exemplo claro da maioria das sociedades rurais, tal como é apresentado pela maior parte da literatura, que confirma que o emprego não agrícola contribui atualmente para mais de metade do rendimento familiar e constitui, portanto, uma estratégia fundamental para a sobrevivência.

2.2.3 Efeito do rendimento não agrícola na segurança alimentar na Nigéria

A segurança alimentar pode ter significados diferentes para pessoas diferentes. A conferência internacional define a segurança alimentar como "o acesso de todas as pessoas, a todo o momento, aos alimentos necessários para uma vida saudável". A segurança alimentar é o estado de autossuficiência na produção de alimentos, conseguido através da aplicação de políticas que proporcionam alimentos para a família e culturas/matérias-primas para a indústria, o comércio e a exportação. A segurança alimentar existe quando todos os residentes de uma comunidade podem aceder de forma fiável a alimentos seguros, nutricionalmente adequados e culturalmente apropriados. A segurança alimentar só pode existir num sistema alimentar que seja sustentável; e os sistemas alimentares mais sustentáveis são predominantemente locais. Um sistema alimentar equitativo é socialmente justo. Garante que todos, independentemente do rendimento, possam obter alimentos de qualidade de uma forma digna

A redução da insegurança alimentar continua a ser o maior desafio em termos de políticas públicas nos países em desenvolvimento. Cerca de mil milhões de pessoas em todo o mundo estão subnutridas, várias outras sofrem de carências de micronutrientes e todas estas estatísticas têm tendência a aumentar, em especial na África Subsariana (FAO, 2008). Atualmente, a subida dos preços dos alimentos aumentou a sensibilização do público para os problemas relacionados com a fome, desencadeando igualmente um novo compromisso global de investimento na agricultura dos países em desenvolvimento (por exemplo, Fan e Rose grant, 2008). Aparentemente, o desenvolvimento agrário é fundamental para combater a fome e a pobreza nas regiões rurais, mas o crescimento não agrícola também é considerado significativo (Diao et al., 2007). Particularmente nos países africanos, com um elevado crescimento populacional e activos agrários cada vez mais limitados, o papel potencial do emprego rural não agrícola merece alguma consideração. A unidade familiar agrícola mantém-se normalmente com diversas fontes de rendimento, sendo o emprego não agrícola uma estratégia fundamental (Barrett et al. 2001). Por outro lado, não existe frequentemente uma estratégia política clara para apoiar o segmento não agrícola.

A principal ocupação da população do Estado de Taraba é a agricultura. As culturas de rendimento produzidas no Estado incluem o café, o chá, o amendoim e o algodão. Culturas como o milho, o arroz, o sorgo, o painço, a mandioca e o inhame também são produzidas em quantidades comerciais. Além disso, o gado bovino, ovino e caprino é criado em grande número, especialmente no planalto de Mambilla e ao longo dos vales de Benue e Taraba. Do mesmo modo, as populações desenvolvem outras actividades de produção animal, como a avicultura, a cunicultura e a suinicultura, em grande escala. As comunidades que vivem nas margens dos rios Benue, Taraba, Donga e Ibi dedicam-se à pesca durante todo o ano. Outras actividades profissionais, como a olaria, a tecelagem de tecidos, a tinturaria, o fabrico de tapetes, a escultura, os bordados e a ferraria, são igualmente desenvolvidas em várias partes do Estado. Nos últimos anos, a agricultura voltou a ocupar um lugar de destaque nas agendas políticas nacionais e internacionais.

A agricultura está no centro do desenvolvimento sustentável. Desempenha um papel crucial na resposta às necessidades de segurança alimentar de uma população mundial em crescimento e contribui para a realização progressiva do direito a uma alimentação adequada, estando indissociavelmente ligada à erradicação da pobreza e à consecução dos objectivos de desenvolvimento acordados internacionalmente, incluindo os Objectivos de Desenvolvimento do Milénio. Para o efeito, é necessário mobilizar a vontade política e o empenho dos governos e de outras partes interessadas, a nível estatal e nacional, para relançar os sectores agrícolas.

É essencial aumentar a produtividade agrícola, melhorar a qualidade dos solos, garantir a segurança dos alimentos e, se for caso disso, melhorar a qualidade nutricional dos alimentos, o que deve ser feito de forma sustentável do ponto de vista social, económico e ambiental.

2.3. Os factores determinantes das estratégias de subsistência

O segmento rural desempenha uma função muito importante na criação de emprego para as famílias nas zonas rurais. Começa com a população a depender completamente da agricultura, mas à medida que a população cresce nas áreas de escassez de terra, o crescimento da produção agrícola não consegue absorver a crescente força de trabalho rural no emprego agrícola (IFAD 2009b). Entretanto, o segmento urbano desenvolveu-se rapidamente a ponto de assimilar o excedente de mão de obra rural libertada da agricultura (ibid: 1). O FIDA considera que, como resultado, o emprego não agrícola cresce para absorver a mão de obra libertada da agricultura mas não absorvida no sector urbano. Por esta razão, as actividades rurais não agrícolas tornam-se uma fonte essencial de rendimentos das famílias e, consequentemente, uma influência dominante na melhoria dos meios de subsistência rurais e na redução da pobreza rural.

a) Idade e sexo do chefe do agregado familiar

A economia doméstica tem estado intimamente ligada às questões de género, especialmente ao trabalho e ao estatuto das mulheres na família e no agregado familiar. Os estudos têm investigado os factores responsáveis pelas diferenças, incluindo as diferentes experiências, comportamentos, normas sociais e estatuto (poder) de homens e mulheres (Rout, 2006). Naturalmente, assume-se que o homem é o chefe de facto do agregado familiar e que tem a responsabilidade de tomar as decisões socioeconómicas diárias do agregado familiar, com as implicações financeiras que daí advêm; no entanto, as realidades económicas, bem como algumas diferenças comportamentais ambíguas, servem frequentemente como imperativos para a existência de agregados familiares chefiados por mulheres na Nigéria. Assim, o padrão de género de um agregado familiar é determinado pelos papéis e responsabilidades do respetivo chefe. A vasta literatura que documenta a atribuição dos recursos do agregado familiar confirma a existência de preconceitos de género (Pitt, Rosenzweig e Hassan, 1990; Strauss e Thomas, 1995; Alderman e Gertler, 1997 e Kingdon, 2005.

O norte e o sul da Nigéria apresentam diferenças consideráveis no que respeita à educação e ao estado de saúde da população e diferenças significativas entre os sexos nestes indicadores, bem como no que respeita ao poder económico e à participação das mulheres. Esta função resulta de uma menor autonomia das mulheres no Norte do que no Sul, o que pode ser explicado, de um modo geral, como resultado de fortes normas religiosas e/ou culturais de género no Norte. A exclusão afecta todas as categorias de mulheres; casadas, divorciadas ou viúvas, o que se traduz em pouco ou nenhum acesso aos bens de produção e à tomada de decisões (Stephen e Lenihan 2010). Embora a investigação recente dos países do Terceiro Mundo sugira que a pobreza e a desigualdade de género estão relacionadas, os investigadores associam frequentemente os resultados da desigualdade às normas e práticas culturais e não à pobreza em si (Colclough et al., 2000)

b) Nível de escolaridade

A educação é um fator importante para a participação nas actividades com maiores rendimentos de subsistência. A educação e a pobreza estão ligadas de duas formas: o investimento na educação como estratégia de redução da pobreza pode melhorar as competências e o rendimento das famílias pobres; a pobreza torna-se um constrangimento ao sucesso escolar tanto a nível macro como a nível micro (as crianças de famílias pobres recebem menos educação) (Oxaal 1997). De acordo com o Banco Mundial (2008), embora a terra e a água sejam recursos básicos nas regiões rurais, a educação é regularmente o recurso mais rentável para os indivíduos rurais procurarem oportunidades na agricultura inovadora, adquirirem empregos qualificados, criarem empresas no sector rural não agrícola e migrarem com sucesso.

A literatura demonstra que os lucros dos trabalhadores por conta própria, incluindo os que exercem actividades urbanas e rurais ocasionais, são mais elevados para os que têm educação do que para os que não têm (por exemplo, Oxaal 1997). Aikaeli (2010) afirma que a educação conduz a uma gestão proficiente do agregado familiar e melhora significativamente a subsistência do agregado familiar no seu todo. Além disso, foi reconhecido que o aumento da escolaridade das mulheres traz impactos úteis para o seu controlo distinto da fertilidade, para a sua própria saúde e a dos seus agregados familiares (Oxaal 1997).

Existem vários mecanismos através dos quais a educação pode ser fundamental para a redução da miséria na África rural. De acordo com Onyeiwu e Liu (2011), estes sistemas são: "Primeiro, os membros instruídos de uma família rural são mais propensos ao emprego assalariado no sector não agrícola do que no sector agrícola; isto ajuda a aumentar o salário familiar e, por vezes, este novo salário ajuda a tirar toda a família da miséria abjecta. Em segundo lugar, a educação formal prepara os indivíduos com capacidades que permitem às famílias lidar melhor com as suas vantagens, bens e especulação. Em terceiro lugar, as famílias rurais podem utilizar o investimento na educação de alguns membros como uma apólice de seguro contra os riscos e a incerteza associados à atividade agrícola". Tadaro (1989) propõe que o desenvolvimento de oportunidades educativas a todos os níveis contribuiu para o crescimento económico agregado através de quatro mecanismos: (i) criação de um capital humano mais benéfico e dotação do mesmo de conhecimentos e competências acrescidos; (ii) oferta de uma grande variedade de oportunidades de ocupação e de obtenção de rendimentos em todas as regiões; (iii) criação de um grupo de pessoas instruídas para ocupar cargos criados em instituições governamentais, públicas e privadas; e (iv) oferta do tipo de formação e educação que promoveria uma maior literacia e competências básicas entre a população. Canagarajah e Thomas (2001), no seu estudo sobre a pobreza na Nigéria, concluíram que a educação é um fator imperativo para reduzir a pobreza. Em 1985, a incidência da pobreza era de 48% nos agregados familiares em que o chefe de família não tinha instrução, e de apenas 28% quando o chefe de família tinha o ensino secundário (ibid: 164). Assim, a falta de educação é um fator crítico que estimula a pobreza. Moser e Ichida (2001) demonstraram que a redução das taxas de analfabetismo está praticamente ligada à melhoria dos níveis salariais e das taxas de desenvolvimento.

A educação aumenta os rendimentos, o que permite acumular capital que pode ser utilizado para melhorar as explorações agrícolas e outras actividades. Alguns estudos demonstraram que a natureza do capital humano é um fator vital para explicar a pobreza rural em algumas regiões. Tendo em conta os resultados de estudos efectuados no Uganda e na Rússia, Aikaeli (2010) sustenta que a educação permite que os indivíduos se habituem às mudanças sociais e técnicas da economia e às flutuações da procura de mão de obra. A importância da educação como fator de aceitação do emprego não agrícola é defendida por Fabusoro *et al.* (2010), que afirmam que a educação aumenta as competências e a formação, o que aumenta a autoconfiança, estimula as actividades comerciais e aumenta a produção. Foi demonstrado que a direção das ligações entre a pobreza e a educação flui nos dois sentidos. Por um lado, a pobreza actua como um fator que impede as pessoas de terem acesso à educação e, por outro lado, as pessoas com acesso à educação são consideradas em menor risco de pobreza (Oxaal 1997).

c) Trabalho doméstico

O trabalho humano é praticamente a única fonte principal de mão de obra disponível para os pequenos agricultores na Nigéria. Os pequenos agricultores contribuem com mais de 85% da produção agrícola nacional na Nigéria. Assim, é necessário continuar a fornecer alimentos à população nigeriana em constante crescimento. A população nigeriana, que se baseia na produtividade do trabalho humano. Um investigador observou que a mão de obra contratada contribui com 88% do total da mão de obra utilizada nas explorações agrícolas, sublinhando assim a sua importância nas actividades agrícolas. Outros tipos de mão de obra que podem ser empregues são a mão de obra familiar e a mão de obra de troca. De um modo geral, verificou-se que a disponibilidade de mão de obra tem impacto na precisão da plantação, no melhor controlo das ervas daninhas, na colheita atempada e no processamento das colheitas.

A mão de obra é um dos principais condicionalismos da produção camponesa, especialmente durante a plantação, a monda e a colheita. Tem-se observado que o rápido crescimento da população, que aumenta a oferta de mão de obra agrícola, exerce uma grande pressão sobre a terra e reduz o tamanho da exploração por hectare. Estudos anteriores mostraram que a mão de obra agrícola disponível era constituída principalmente por pessoas idosas (excluindo os homens e mulheres jovens em idade ativa), o que tem um impacto negativo na produtividade agrícola. A ausência crescente de jovens na agricultura pode ser atribuída ao trabalho pesado nas explorações agrícolas, à ausência de infra-estruturas sociais, ao fraco rendimento agrícola e à baixa esperança de vida nas zonas rurais. Por conseguinte, para fazer face aos desafios da modernização da produção agrícola, os jovens devem ser motivados a adotar a agricultura como profissão e devem ser adequadamente capacitados.

d) Tamanho do terreno

A terra é um recurso significativo para as populações pobres rurais e urbanas e, por conseguinte, permite a criação de empresas e o funcionamento de estabelecimentos comerciais (crédito) e não comerciais (governos locais e redes sociais) em vários países em desenvolvimento (Deininger 2003). A falta de acesso a recursos e activos produtivos (predominantemente a terra) tem sido recomendada como um verdadeiro limite para aumentar o rendimento das famílias em muitas economias em desenvolvimento (Hossain e Sen 1992, FIDA 2009c).

A terra é um fator determinante do rendimento familiar na maioria das sociedades rurais de cultivo. Por exemplo, no Uganda, a terra constitui entre 50 e 60% da base de activos das famílias pobres (Deininger 2003). O autor afirma que, uma vez que a terra representa uma grande parte dos activos dos pobres em vários países em desenvolvimento, a concessão de direitos de propriedade seguros sobre a terra que a sociedade já detém pode aumentar significativamente o rendimento médio das famílias pobres. Onyeiwu e Liu (2011) observam que, nas regiões rurais com excesso de mão de obra, a terra é um recurso real que determina o rendimento da unidade familiar. Neste sentido, a posse, a dimensão e a qualidade da terra constituem uma verdadeira fonte de desigualdade nas sociedades rurais dos países em desenvolvimento.

O acesso à terra é uma caraterística importante no crescimento da produtividade agrícola (especialmente a produção vegetal) nas sociedades rurais, a participação na agricultura e na pecuária é vital para satisfazer as necessidades de consumo e rendimento das famílias. A produção vegetal domina a agricultura rural nigeriana, sendo responsável por mais de 70% da expansão do valor rural (NBS 2007). Na maioria das circunstâncias, a agricultura é efectuada a uma escala de subsistência, enquanto a criação de gado é efectuada como pequenos animais criados ao ar livre em casa ou em áreas confinadas perto dos agregados familiares.

A pecuária não é uma fonte importante de rendimento do agregado familiar, mas é simultaneamente um meio de trabalho sazonal e de segurança, bem como um seguro a curto e médio prazo para a segurança do rendimento. Foi revelado que os agricultores rurais na Nigéria nunca abandonam a atividade agrícola, mesmo que obtenham rendimentos muito elevados com empregos não agrícolas.

"Não podemos abandonar a agricultura. Se não tivermos dinheiro suficiente para gastar, devemos ter a capacidade de ter comida para comer. É isso que a agricultura faz por nós. Em qualquer caso, teremos a capacidade de alimentar a nossa família" foi a observação de um agricultor no Estado de Ogun, na Nigéria (Fabusoro et al. 2010: 428).

Para a maioria dos pobres nos países em desenvolvimento, a terra é a principal fonte de subsistência e um canal fundamental para investir, acumular riqueza e transferi-la entre gerações (Deininger 2003). É igualmente aceite por vários investigadores que a pequena dimensão das explorações agrícolas ou a fratura fundiária é a principal razão do baixo rendimento familiar e da miséria nas sociedades agrícolas rurais (Banco Mundial 2000, Mehrota e Delamonica 2007, Fabusoro et al. 2010). Do mesmo modo, a falta de terra é a principal razão pela qual os indivíduos procuram emprego não agrícola com um objetivo final específico de complementar ou aumentar o rendimento familiar (FIDA 2009b). Por exemplo, as famílias com menos de 0,5 hectares obtêm entre 30 e 90 por cento do seu rendimento através de emprego não agrícola (ibid: 3).

e) **Bens do agregado familiar**

A acumulação de activos é um meio importante através do qual as pessoas podem sair da pobreza e melhorar os seus meios de subsistência. Ter mais activos também desempenha potencialmente um papel importante na atribuição e indicação de estatuto social, e potencialmente beneficiar mais das intervenções das políticas públicas. Por outro lado, as pessoas que perdem activos - talvez em resultado de um choque sanitário - podem ser empurradas para a pobreza. E as pessoas que não possuem activos correm o risco de ser apanhadas numa armadilha de pobreza.

A posse de activos dá assim uma melhor imagem da capacidade das pessoas para gerir a sua vulnerabilidade à pobreza. Os activos podem dar uma ideia da natureza da pobreza, quer os pobres sejam ou não estruturalmente ou estocasticamente pobres. São avançados argumentos a favor da ideia de que os activos ajudam a reduzir a pobreza. De acordo com Deere e Unidos (2010), uma das razões é que a posse de activos produz um "efeito ativo" independente. Isto porque a posse de um ativo incentiva as pessoas a poupar mais para o seu próprio futuro e a agir de forma mais responsável. Paxton (2002) observou, contudo, que este facto leva as pessoas a tomar medidas para evitar o aparecimento de problemas de bem-estar, em vez de tentarem aliviar essas dificuldades depois de elas terem surgido. A posse de activos físicos e financeiros constitui um dos principais meios de gerar rendimentos e, consequentemente, despesas e consumo.

Os activos constituem um importante amortecedor em situações de emergência, uma vez que podem ser penhorados ou vendidos. São uma fonte de consumo corrente potencial, na medida em que podem ser convertidos em dinheiro e, por conseguinte, são um indicador importante da vulnerabilidade potencial de um agregado familiar aos choques e da possibilidade de um agregado familiar cair na pobreza crónica (Addison etal., 2008). Além disso, os activos podem servir de garantia para empréstimos. Além disso, constituem uma reserva de riqueza que pode ser transmitida às gerações futuras.

É importante recordar que as pessoas pobres, devido à sua pobreza, têm uma base de activos limitada e dependem frequentemente mais dos recursos naturais (Arun, 2008). A posse de certos activos pelos pobres, incluindo os cronicamente pobres, é relativamente baixa (McKay, 2009) e os mais pobres são os que têm menos terra, menos gado, menos equipamento de produção e de transporte e menos bens de consumo duradouros (Ahmed et al., 2007). A atividade predominante da maioria das comunidades rurais do Estado de Taraba, na Nigéria, é a agricultura. Apesar da participação das famílias rurais em actividades agrícolas e não agrícolas, os seus rendimentos e a posse de certos activos são relativamente baixos. Este facto agravou a sua condição de vida, traduzindo-se em pobreza. Consequentemente, para que estas famílias aumentem os seus rendimentos e a sua carteira de activos, a situação de pobreza tem de ser travada. Uma vez que a posse de activos desempenha um papel fundamental na compreensão da pobreza, a política de redução da pobreza deve, por conseguinte, centrar-se nos activos detidos pelos pobres, tanto quanto naquilo que lhes falta, e deve procurar ajudá-los a acumular activos e a gerir mais eficazmente aquilo que possuem.

f) Organização Social/Acesso a Empréstimo

As sociedades cooperativas tornaram-se um dos meios que os indivíduos ou as famílias escolhem para minimizar os constrangimentos colocados pelo acesso limitado aos serviços financeiros nas comunidades dos sectores rural e urbano. Salahu e Oyegbami (2010) entendem as cooperativas de uma situação africana como uma associação de pessoas geralmente de meios limitados que se juntaram voluntariamente para atingir um fim económico comum através da formação de uma organização empresarial democraticamente controlada, contribuindo equitativamente para o capital necessário e aceitando uma parte justa dos riscos e benefícios das empresas".

Os constrangimentos financeiros são mais generalizados na agricultura e actividades conexas do que em muitos outros sectores, reflectindo tanto a natureza do sector agrícola como a dimensão média das empresas (Banco Mundial 2008). Fabusoro *et al.* (2010) descobriram que a disponibilidade de capital é um fator significativo na extensão da diversificação entre a população rural.

Foi sugerido que os serviços financeiros prestados aos empresários e produtores com baixos rendimentos podem muito bem ser o meio mais eficaz de combater a pobreza (Mishra 2002). Reconhecendo a importância do capital financeiro na promoção do crescimento empresarial e na redução da pobreza, muitos governos e agências de desenvolvimento criaram vários projectos de assistência financeira direta. Na Nigéria, o fornecimento de esquemas de empréstimos rurais acessíveis não conseguiu atingir os objectivos desejados (Gaurba 2006). O mesmo se passa com outros programas governamentais, tais como fertilizantes, sementes melhoradas e insecticidas, que foram mal implementados e os fundos destinados aos programas foram desviados de forma corrupta por funcionários do governo. Quando esses empréstimos ou subsídios acabam por atingir os seus objectivos, chegam demasiado tarde e tornam-se ineficazes. As famílias rurais aderem a sociedades cooperativas e outras organizações sociais que servem como forma de aumentar o rendimento das famílias e promover a redução da pobreza, uma vez que colocam o crédito, a poupança e outros serviços financeiros básicos ao alcance da população local pobre. Através destas sociedades cooperativas e organizações sociais, as pessoas pobres têm acesso a pequenos empréstimos, recebem remessas de familiares migrantes e expandem ou mantêm as suas actividades de rendimento e investimentos.

As sociedades cooperativas são formas de aumentar o rendimento das famílias e de promover a redução da pobreza, uma vez que colocam o crédito, a poupança, os seguros e outros serviços financeiros básicos ao alcance da população local pobre. Através das cooperativas e de outras organizações sociais, as pessoas pobres têm acesso a pequenos empréstimos e expandem ou mantêm as suas actividades de rendimento e investimentos.

O sector financeiro informal, que inclui os prestamistas e as associações de poupança, recebe um amplo patrocínio devido à acessibilidade e flexibilidade dos serviços, mas os empréstimos são geralmente de curto prazo, uma vez que a escala de operação do prestamista individual médio é pequena (Attah 2008).

2.4Resumo da revisão da literatura

O estudo explorou as perspectivas conceptuais e empíricas fornecidas pela literatura sobre o efeito do emprego rural não agrícola na melhoria das explorações agrícolas. A literatura forneceu categorias analíticas mais claras e consistentes sobre o efeito do emprego não agrícola na melhoria das explorações. Revelou vários factores que são fundamentais para a subsistência nas zonas rurais. Os factores considerados na literatura importantes para este estudo centram-se em variáveis que são cruciais para a melhoria das explorações agrícolas (discutidas nas secções 2.2.1 - 2.2.4). Isto proporcionou a base sobre a qual a investigação assentou a sua análise dos efeitos do emprego rural não agrícola na melhoria da empresa.

A literatura disponível demonstra que a economia rural já não depende apenas da agricultura, mas de actividades agrícolas e não agrícolas. A literatura distingue entre os factores que permitem às pessoas atingir os seus objectivos de subsistência e os que as desencorajam. O capital humano (educação), o capital financeiro (disponibilidade de crédito), as oportunidades não agrícolas (diversificação), as infra-estruturas, a dimensão da empresa e a terra foram os factores mais citados que afectam a população rural (todos eles fazem parte do quadro de subsistência sustentável descrito na Secção 2.2).

A maior parte da literatura sobre os estudos dos meios de subsistência rurais em África centra-se nas actividades agrícolas, uma vez que se assume geralmente que as populações rurais dependem exclusivamente da agricultura para a sua subsistência. Tem sido sugerido que os agregados familiares nos países em desenvolvimento ganham mais com a sua própria empresa do que com quaisquer outras fontes, exceto em alguns países onde os camponeses sem terra constituem uma população considerável e a importância do rendimento não agrícola é maior do que o rendimento da própria empresa (Escobal 2005). Embora existam pontos de vista contrastantes sobre a adequação do crescimento económico para alcançar a redução da pobreza, existe um grande consenso de que os países africanos têm potencial para um crescimento económico sustentável.

A revisão da literatura também identificou algumas lacunas empíricas e metodológicas nos estudos sobre os meios de subsistência. É sabido que os agregados familiares realizam uma série de actividades agrícolas e não agrícolas. No entanto, não é claro qual a proporção do rendimento gerado por um sector que é reinvestido no outro sector. Este problema está associado à falta de dados adequados para analisar os meios de subsistência rurais. Embora seja amplamente reconhecido que o rendimento gerado pelas actividades não agrícolas e pelo emprego pode fornecer aos agricultores o capital que permite uma maior melhoria e expansão na empresa.

Vários autores concordam que o bom desempenho dos sectores empresarial e não agrícola é crucial para o desenvolvimento rural, o crescimento económico e a redução da pobreza em muitas economias em desenvolvimento. A maior parte da literatura sugere que a agricultura, por si só, não pode reduzir a pobreza rural; o sector não agrícola é também muito importante. Ao mesmo tempo, considera-se que o crescimento do emprego rural não agrícola está, em muitos casos, estreitamente ligado ao crescimento da agricultura.

2.5Quadro concetual

Uma estratégia de subsistência pode ser descrita como uma ação ou um conjunto de actividades que várias famílias empregam para ganhar a vida, que podem ser firmes, não firmes ou transversais a ambos os sectores. As estratégias de subsistência utilizadas pelas pessoas pobres são frequentemente complexas e diversificadas. Para os pobres das zonas rurais, as actividades agrícolas podem desempenhar um papel significativo, mas os pobres das zonas rurais também utilizam outras estratégias, algumas das quais estão ligadas à agricultura e ao sector dos recursos naturais, outras não. As estratégias podem incluir trabalho não agrícola, tanto estável como instável, agrícola e não qualificado. Os pobres das zonas rurais recorrem frequentemente a uma combinação de diferentes estratégias, especialmente quando os recursos estão, em certa medida, reunidos. Os activos, o nível de educação, o sexo do chefe de família, a dimensão do agregado familiar, a área de terra, a formação profissional, a migração e o capital social são vitais, uma vez que as administrações institucionais e políticas, que administram o acesso às circunstâncias, são fundamentais para determinar as estratégias que o agregado familiar adopta. Além disso, um agregado familiar comparativamente combinado será aparentemente capaz de empregar uma gama mais vasta de estratégias do que um indivíduo que actue sozinho (Dercon, 1998; e Takasaki et al, 2000; Carter, 1999; Barret et al, 2000a e Zimmerman).

Com base nos conceitos revistos sobre os factores que afectam as estratégias de trabalho da população rural e o impacto do trabalho altamente remunerado, como o rendimento não proveniente de uma empresa, na melhoria da empresa e nas estratégias de subsistência das pessoas, este estudo desenvolveu um quadro concetual do seguinte modo

QUADRO CONCEPTUAL

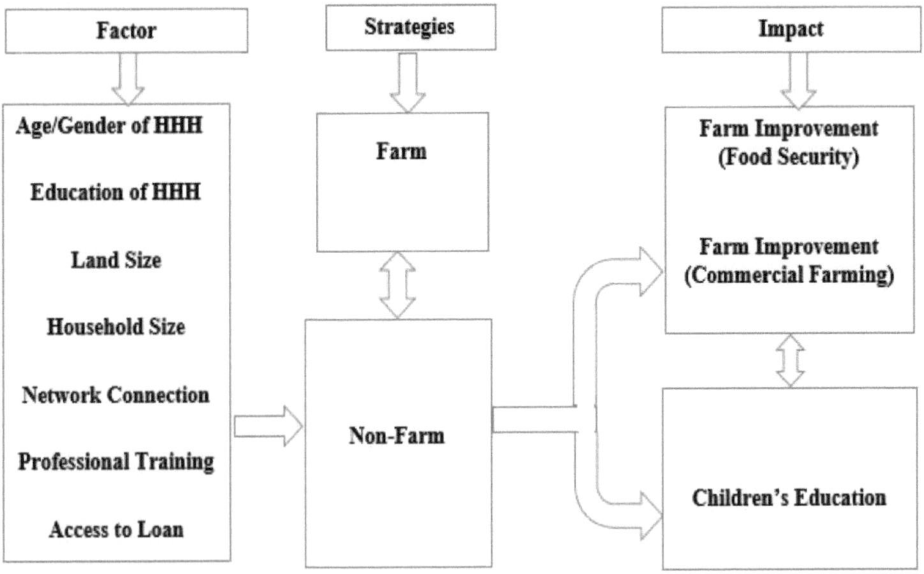

CAPÍTULO 3

METODOLOGIA DE INVESTIGAÇÃO

Esta investigação foi efectuada na área da administração local de Sarduana, no estado de Taraba, na Nigéria. Com base nos dados secundários recolhidos nos serviços da administração local. Os agricultores do estado de Taraba foram selecionados propositadamente a partir de uma lista de agricultores cujo chefe de família tem pelo menos um trabalho não agrícola. Os pormenores do local de estudo e da metodologia de investigação são descritos mais adiante.

3.1Contexto do local de estudo

A administração local de Sarduana é uma das 16 áreas da administração local do estado de Taraba, com sede na cidade de Gembu. A região situa-se na parte sudeste do estado de Taraba, perto da fronteira que separa a Nigéria dos Camarões. As suas coordenadas geográficas são: 6o42' 0 "N, 11o 16' 0 "E. Situada a uma altitude média de cerca de 1.348 metros acima do nível do mar, é uma das cidades mais elevadas da Nigéria. A cidade de Gembu tem um clima comparativamente frio. A temperatura média do ar registada na cidade é de 21,1 °C (70 °F). As temperaturas diurnas dificilmente ultrapassam os 25 °C (77,0 °F) e uma temperatura mínima de 11 °C (51,8 °F) é registada durante a estação das chuvas, em agosto

Figura 1. Mapa do Estado de Taraba, Nigéria, mostrando a Área de Governo Local de Sarduana.

O governo local de Sarduana mede cerca de 96 km (60 milhas) ao longo do seu comprimento curvo; tem 40 km (25 milhas) de largura e é delimitado por uma escarpa que tem cerca de 900 m (2.953 f) de altura em alguns locais. O planalto cobre uma área de mais de 9.389 quilómetros quadrados (3.625 sq mi). O planalto é inteiramente coberto por solo com ocorrência ocasional de granito. A área governamental local tem uma altitude média de cerca de 1.600 metros acima do nível do mar, o que o torna o planalto mais alto da Nigéria

De acordo com o Censo de 2006, o Governo Local de Sardauna tem 224.437 habitantes. Os principais grupos étnicos do planalto incluem: Mambilla, Kaka, Fulani, Panso e Kambu. Os Hausa, os Igbo e os Kanuri também vivem nesta região. O Mambilla e o Fulani são as línguas mais faladas em Gembu, sede da administração local de Sardauna do Estado de Taraba.

A principal ocupação da população de Sarduana é a agricultura, que inclui plantas como o café, o feijão, a noz de cola, a plantação de madeira e o milho em grande quantidade. Além disso, o gado bovino, ovino e caprino é criado em grande número. Outras actividades profissionais, como a olaria, a tecelagem, a tinturaria, o fabrico de tapetes, a escultura, os bordados e a ferraria, também são realizadas na administração local.

Gembu é conhecida pelo turismo devido aos recursos ambientais, bem como pela cultura do chá, mas estas potencialidades não foram aproveitadas para melhorar a vida económica dos habitantes. Em termos de desenvolvimento de infra-estruturas, esta cidade histórica não tem recebido a atenção desejada. A maior parte da cidade apresenta estradas em mau estado, com buracos e crateras. A zona carece igualmente de equipamentos sociais como água canalizada e eletricidade.

3.2. População e dimensão da amostra.

O Planalto de Mambilla constitui uma das maiores áreas governamentais locais do Estado de Taraba. Existem numerosas cidades no planalto com populações que variam entre 500 e 2000 pessoas, com exceção de Gembu. A população da área de estudo inclui agregados familiares nas aldeias de estudo selecionadas: Leme, lekitaba, Ngubin, Kusuku, Furmi, Kara, Yelwa e Maisamari, que se diz ter um número total de 634 agregados familiares.

O investigador selecionou 11 circunscrições eleitorais que compreendem 32 aldeias e aplicou uma técnica aleatória simples para selecionar os inquiridos na área de estudo. Os inquiridos selecionados eram chefes de família. Utilizando a fórmula de dimensão da amostra de Taro Yamane, foram selecionados 76 inquiridos.

Cálculo da dimensão da amostra utilizando a fórmula de Taro Yamane

$$n = \frac{N}{1 + Ne^2}$$

$$= \frac{634}{1+634\,(0.10)^\wedge 2} = 76$$

Onde...

n= dimensão da amostra

N= população-alvo

e= nível de exatidão com um grau de confiança de 90% = 0,10

- o Unidade de análise: é o agregado familiar.
- o População: é de 634 agregados familiares.

3.3Ferramentas de investigação

O método de estudo de caso foi aplicado para examinar a administração local de forma descritiva. Para este estudo, foram realizadas entrevistas aprofundadas com recurso a diretrizes semi-estruturadas, a fim de recolher dados dos inquiridos. Foi também utilizado o método de observação não participativa para examinar o que se estava a passar na área estudada. Além disso, foi utilizado um estudo transversal com recurso a um questionário estruturado para obter informações quantitativas.

3.4Recolha de dados

Foram utilizados dois métodos de recolha de dados: em primeiro lugar, os dados primários, que implicam a recolha de dados originais a partir da fonte primária. Foram obtidos através de entrevistas, questionários e observações. Os dados secundários que implicam informação de segunda mão de manuais, revistas, artigos, relatórios de projectos anteriores e outros documentos relevantes. Foi realizado um inquérito por entrevista, que envolveu a visita aos inquiridos selecionados nas suas casas. Nesta investigação, a recolha de dados foi efectuada por meio de enumeradores. Antes da realização do inquérito, foi obtida uma carta de autorização do Presidente da Área do Governo Local. Esta carta foi mostrada a todas as pessoas com autoridade nas áreas visitadas antes de visitar os inquiridos, de modo a autenticar a investigação. O inquérito começou com um pré-teste, também conhecido como estudo-piloto, que foi realizado numa das alas da LGA de Sarduana. Isto foi feito com o objetivo de testar a aplicabilidade geral das perguntas, a sequência e a disposição do questionário, as disposições do trabalho de campo e os procedimentos de análise. Os questionários foram aplicados a 10 inquiridos que foram selecionados através da técnica de amostragem intencional. Trata-se de um tipo de amostragem não-probabilística em que as unidades a observar foram selecionadas com base no julgamento do investigador sobre quais seriam as mais úteis ou representativas. Posteriormente, os dados foram recolhidos em 11 aldeias de 11 circunscrições eleitorais de Sarduana LGA

3.5Processamento e análise de dados

Esta investigação quantitativa utilizou um inquérito transversal. Todos os dados recolhidos foram analisados utilizando o Statistical Package for Social Sciences (SPS). A estatística descritiva foi utilizada para analisar as condições socioeconómicas do chefe de família e as caraterísticas dos registos dos inquiridos, tais como: idade, sexo, nível de escolaridade, dimensão do agregado familiar, área do terreno, etc. Para descrever os resultados qualitativos desta análise, foram utilizadas ferramentas analíticas como tabelas de média, média, máximo, mínimo e desvio padrão.

O investigador utilizou a análise de regressão para compreender quais das variáveis independentes estão relacionadas com a variável dependente e para explorar as formas dessas relações. A análise de regressão foi utilizada para a predição e a previsão.

3.6Especificação do modelo

A análise de regressão foi utilizada para determinar o efeito de algumas caraterísticas socioeconómicas na melhoria da empresa dos inquiridos. A função logística e os pormenores das variáveis são apresentados no quadro 3.1 e o modelo simbólico seguinte.

Y = F (Xi, X2, X3, X4, X5, X6, X7, Ui)

Onde: Y = Tipo de melhoria da exploração (segurança alimentar -0 para mercado -1).

Xi = Idade (anos)

X2 = Nível de instrução dos inquiridos

X3 = Dimensão do terreno

X4 = Rede social

X5 = Acesso ao crédito (2014)

X6 = Rendimento (Fluxo de rendimento estável - 1 Fluxo de rendimento instável - 0)

X7= Educação das crianças

Ui = Termo de erro.

Quadro 3.1 Descrição das variáveis

Variáveis	Tipos	Descrição das variáveis estimadas	Sinais esperados das variáveis
MELHORIA DA EXPLORAÇÃO	Categórica	1 se o chefe de família investe para a segurança alimentar e 0 em caso contrário	
IDADE	Categórica	Idade do chefe do agregado familiar.	+
NÍVEL DE EDUCAÇÃO	Categórica	Nível de instrução mais elevado do chefe de	+

		família.	
TAMANHO DO TERRENO	Contínuo	Dimensão total do terreno dos inquiridos	+
REDE SOCIAL	Dicotómico	1 se o chefe de família pertence a uma organização social ou tem uma rede de contactos com amigos/parentes que trabalham em actividades não agrícolas e 0 em caso contrário.	+
ACESSO AO EMPRÉSTIMO	Categórica	1 se o chefe do agregado familiar tiver acesso a em 2014 e 0 em caso contrário.	+
RENDIMENTO	Contínuo	Rendimento não agrícola dos respondentes	+
EDUCAÇÃO DAS CRIANÇAS	Categórica	1 se os filhos do inquirido frequentam uma escola privada e 0 em caso contrário	+

CAPÍTULO 4

RESULTADOS DA INVESTIGAÇÃO

Este capítulo explora a principal conclusão deste estudo, que revela as actuais actividades não agrícolas na área de estudo e como estas fontes contribuem para a melhoria das explorações agrícolas. Baseia-se na fundamentação teórica oferecida por vários autores sobre as teorias dos meios de subsistência sustentáveis e a importância dos sectores rurais não agrícolas com base no conceito de meios de subsistência.

Os resultados do estudo dividem-se, assim, em caraterísticas sociodemográficas dos inquiridos, caraterísticas socioeconómicas dos inquiridos, factores que influenciam os rendimentos rurais não agrícolas, rede de outras actividades não agrícolas, força da rede social e a parte final apresenta o tipo de melhoramento agrícola considerado pelos inquiridos. Os resultados da entrevista são os seguintes

4.1. Caraterísticas sócio-demográficas dos inquiridos

4.1.1. Idade e género

Os critérios de seleção dos inquiridos baseavam-se nos chefes de família que exerciam uma atividade não profissional.

Como mostra a Tabela 4.1, mais de 90% dos inquiridos eram do sexo masculino. A idade média dos inquiridos era de 47,78 anos. A análise da distribuição dos grupos etários na população da amostra revelou que a idade mínima era de 27 anos e a máxima de 52 anos. Tendo em conta outras caraterísticas observadas nesta população, como a história familiar e o nível de escolaridade, é certo que a maioria desta população era constituída por agricultores e vivia nas suas comunidades actuais há muito tempo. À semelhança de outras comunidades africanas, no Estado de Taraba, os homens dominam a posse de bens, a liderança dos agregados familiares e a participação em actividades de subsistência, bem como o emprego formal.

É óbvio que as pessoas mais jovens e mais instruídas têm uma maior tendência para se dedicarem a actividades não agrícolas ou para migrarem em busca de emprego não agrícola. Este ponto de vista é partilhado por outros autores que afirmam que a idade, em alguns casos, pode ser um critério determinante para a entrada em algumas actividades de rendimento de subsistência. É provável que a maioria dos agregados familiares tenha uma percentagem mais elevada de chefes de família com idades compreendidas entre os 47 anos, pelo que a agricultura continuará a fazer parte das suas actividades de subsistência nestas comunidades, enquanto as actividades não agrícolas desempenharão um papel complementar como fonte fundamental de melhoria e de rendimento extra.

4.1.2. Nível de instrução dos inquiridos

A educação e as competências são muitas vezes os recursos mais valiosos para que as pessoas das zonas rurais procurem oportunidades na agricultura moderna, obtenham emprego assalariado, iniciem negócios em empresas não agrícolas e migrem com sucesso para os empregos urbanos bem remunerados (Banco Mundial 2008).

O nível de escolaridade dos inquiridos, apresentado na Tabela 4.1, mostra que os chefes de família das aldeias rurais têm um baixo nível de escolaridade. Cerca de 31,6% dos agregados familiares tinham frequentado a escola primária e outros 34,2% dos chefes de família tinham educação informal, havendo chefes de família que não frequentaram nem completaram o ensino primário. Na aldeia estudada, o nível de escolaridade ainda era baixo, o que deveria ter efeitos adversos na produtividade agrícola e no envolvimento não empresarial.

Tabela 4.1: Caraterísticas sócio-demográficas dos inquiridos

Artigos		Freq.	%
Sexo do chefe do agregado familiar			
Masculino		69	90.8
Feminino		7	9.2
Média (Idade)	47.8		
Nível de ensino mais elevado			
Primário		24	31.6
Secundário		7	9.2
Politécnico/Faculdade		9	11.8
Universidade e superior		10	13.2
Educação informal		26	34.2

4.1.3 Trabalho não agrícola dos inquiridos

O trabalho não agrícola dos inquiridos pode ser classificado em dois grupos com base no seu padrão de rendimento. Em primeiro lugar, os funcionários públicos/trabalhadores na cidade (40,8%), este grupo foi considerado como tendo um fluxo de rendimento estável; por outro lado, os empresários/mercadores e técnicos/serviços (59,2%) foram classificados como um grupo de rendimento instável, embora se diga que obtiveram um rendimento mais elevado. O estudo revela que o rendimento médio por ano dos inquiridos com rendimento estável é de 2 439,82 USD, em comparação com a média de 3 245,44 USD dos inquiridos com rendimento instável, como mostra a Tabela 4.2.

Quadro 4.2 Rendimentos não agrícolas dos inquiridos

Tipos de actividades não agrícolas	Rendimento médio por ano US$	Freq.	%
Rendimento estável	2,439.82	31	40.8
(Funcionário do Governo/Trabalhador na cidade)			
Rendimento instável	3,245.44	45	59.2
(Comércio e Merchandising/Técnico)			

4.2. Caraterísticas sócio-económicas dos inquiridos

Os inquiridos foram reportados como tendo um tamanho de família grande, em média de 8,45 pessoas, como mostra a tabela 4.2. Uma análise mais pormenorizada dos agregados familiares mostrou que o tamanho mínimo da família era de 4 ou 2,6% e 5,3% tinham uma família numerosa de 13 membros. Na zona rural, a elevada incidência de famílias de maior dimensão pode ser atribuída à tendência para ter mais membros no agregado familiar que podem ajudar na agricultura e a família pode envolver-se em fontes de rendimento diversificadas (Rahman 1999, Fabusoro *et al.* 2010)

Os trabalhadores agrícolas familiares, como mostra a tabela 4.2, eram 2,88 pessoas, com um intervalo elevado de 0 a 6 membros, enquanto a média de trabalhadores não agrícolas em cada família era de 2,49 pessoas, com um mínimo de 0 e um máximo de 4. A média de trabalhadores migrantes era de 1,09, com um mínimo de 0. Os resultados mostram que cada família inquirida tinha pelo menos uma pessoa migrante. Estes resultados são apresentados em pormenor no quadro 4.2

Tabela 4.3. Caraterísticas sócio-económicas dos inquiridos

Artigos	Número	Freq.	%
Tipo de Não-agrícola			
Estável		31	40.8
Instável		45	59.2
Tamanho médio da família	8.47		
Média de trabalhadores da agricultura familiar	2.88		
Família média Trabalhadores não agrícolas	2.49		
Membros da família migrados	1.09		
Ligação às pessoas com outro trabalho não agrícola			
Sim		53	69.7
Não		23	30.3
Formação profissional do chefe do agregado familiar nos últimos 3 anos			
Sim		50	65.8

Não	26	34.2

4.3 Ligação em rede com outros trabalhadores não agrícolas.

Os resultados deste relatório revelam que 34 inquiridos (57,8%) tinham ligações com outros trabalhadores não agrícolas, que eram familiares, amigos que podiam ajudar os inquiridos a encontrar trabalho e fornecer-lhes informações sobre emprego, enquanto 42,1% dos inquiridos não tinham qualquer ligação com outros trabalhadores não agrícolas, como mostra a Tabela 4.4. Outros resultados apresentados na tabela 4.4, com base na categoria de actividades não agrícolas, revelam que 40,8% dos inquiridos auferem rendimentos não agrícolas estáveis, na sua maioria funcionários públicos e trabalhadores da cidade. Entre eles, cerca de 67,7% tinham ligações a outros trabalhadores não agrícolas, enquanto os restantes não tinham qualquer ligação. O outro grupo de inquiridos era constituído por pessoas que recebiam rendimentos mais elevados, mas cujos ganhos eram instáveis (empresários/mercenários/técnicos/serviços), tendo cerca de 28,9% dos inquiridos estabelecido ligações com outros trabalhadores não agrícolas, enquanto os restantes não tinham quaisquer ligações com pessoas que se dedicavam a actividades não agrícolas.

Quadro 4.4 Ligação da rede a outros trabalhadores não agrícolas

Types of Non-Farm	Category of Non-Farm with Network Connection to Other Non-Farm				Total
	With Connection		No Connection		
	Freq.	%	Freq.	%	
Stable	21	67.7	10	32.3	31
Unstable	13	28.9	32	71.1	45

4.4Caraterísticas dos trabalhadores não agrícolas

4.4.1 Meios de aquisição de bens não agrícolas

Os resultados apresentados na Tabela 4.5 revelam que 67,1% dos inquiridos adquiriram a sua atividade não-agrícola através de instalação/formação, enquanto 32,9% adquiriram-na através de educação/emprego. As conclusões estão distribuídas da seguinte forma: 38,7% dos inquiridos com rendimento estável foram envolvidos em actividades não-agrícolas através de criação/formação, enquanto 61,2% foram envolvidos em actividades não-agrícolas em resultado do seu nível de escolaridade, que resultou no seu emprego. Por outro lado, 82,9% dos inquiridos com rendimentos instáveis adquiriram a sua atividade não agrícola através de formação, enquanto 17,1% adquiriram a sua atividade através de educação/emprego. Isto revela que existe uma baixa escolaridade (31,6%

com ensino primário e 42,1% com ensino informal), conforme identificado na Tabela 4.1, entre os chefes de família. De acordo com estas conclusões, a investigação identificou que é necessário dar mais ênfase à educação para tirar esta sociedade da sua atual situação de pobreza. Estas evidências de que os inquiridos têm um baixo nível de escolaridade obrigam-nos a adotar trabalhos com rendimentos não agrícolas instáveis para satisfazer a procura do agregado familiar e outras despesas não alimentares do mesmo.

4.4.2. Fonte de capital para o sector não agrícola

De acordo com os resultados apresentados na tabela 4.5, a fonte de capital para iniciar/envolver-se em actividades não-agrícolas reflecte 2,6% da exploração agrícola, 2,6% da herança, 5,3% da poupança e 89,5% da família/amigos 89,5%. Os resultados revelam que a maioria (89,5%) dos inquiridos tinha capital proveniente da família/amigos, o que se deve à natureza das actividades não agrícolas disponíveis na área de estudo. Os funcionários públicos/trabalhadores da cidade consideram que o seu capital provém da família e dos amigos, em termos de montante gasto na aquisição de educação, ao passo que os inquiridos com rendimentos instáveis (não agrícolas) consideram que a sua fonte de capital é o dinheiro utilizado para formação e criação da sua empresa. Isto reflecte que a família/amigos são a fonte mais importante para o desenvolvimento do seu trabalho não agrícola.

4.4.3. Pertencimento a uma organização social

Cerca de 90% dos agregados familiares pertencem a uma ou mais organizações sociais. As várias organizações que se destacaram foram a cooperativa, o clube social/sociedade, a associação religiosa, a geradora de rendimentos, o governo (banco agrícola/amazónia) e outras organizações. Entre as organizações sociais, a mais frequente foi a cooperativa (76,3%), o clube social/sociedade (56,6%), a associação religiosa (48,7%) e o governo (banco agrícola/amazônia) (14,5%). Estas cooperativas foram formadas pelas próprias pessoas, o que sublinha o desejo e os esforços das famílias para reunir recursos e ideias a fim de melhorar os seus meios de subsistência e o seu bem-estar. Apenas cerca de 14,5% dos inquiridos pertencem a organizações formadas pelo governo. Observou-se que o principal objetivo destas organizações é garantir a segurança alimentar dos seus membros e, por vezes, concedem crédito a juros baixos aos seus membros e, uma vez atingido este objetivo, são prosseguidos outros.

4.4.4. Força da rede social.

Esta constatação é apresentada da seguinte forma: fraca 10,5%, forte 69,1% e muito forte 22,0%. A repartição da rede revela que 14,6% dos chefes de família com uma atividade não agrícola regular têm uma rede social muito forte, enquanto que os chefes de família com uma atividade não agrícola instável têm uma rede social muito forte, enquanto que 5,7% têm uma rede social fraca, 71,4% uma rede social forte e 17,1% uma rede social muito forte.

Esta análise, como mostra o quadro 4.5, revela que as duas categorias de não-agrícolas do chefe de família têm uma forte rede social que serve como meio de angariar e aumentar o capital financeiro através de empréstimos e empréstimos oferecidos aos membros. Estas redes servem como meio de assegurar e distribuir alimentos, factores de produção agrícola e sementes em tempos de escassez ou quando as compras a granel oferecem melhores preços; e em poucos casos ajudam os membros a beneficiar de economias de escala.

4.4.5. Acesso ao crédito em 2014

Os resultados do inquérito mostram que 61,8% dos inquiridos obtiveram um empréstimo em 2014. A organização social a que os inquiridos mais recorreram para contrair empréstimos foi a sociedade cooperativa (36,8%), enquanto 43,4% dos inquiridos não tinham empréstimos em 2014. Estas análises revelaram também que os inquiridos com rendimentos estáveis contraíram poucos empréstimos (48,8%). No entanto, o resultado também revela que foram obtidos menos empréstimos de bancos públicos. Como se pode ver na Tabela 4.6, os empréstimos contraídos junto das cooperativas por ambas as categorias (estáveis e instáveis) foram de 22,5% e 48,7%, respetivamente, como mostra a Tabela 4.6

Quadro 4.5. Caraterísticas dos trabalhadores não agrícolas

Tipo	Tipos de actividades não agrícolas					
	Estável		Instável		Total	
	Freq.	%	Freq.	%	Freq.	%
Meios de aquisição Não-agrícola						
Instalação/Formação	12	38.7	39	82.9	51	67.1
Educação/Emprego	19	61.2	6	17.1	25	32.8
Fonte de capital para o sector não agrícola						
Fazenda	1	2.4	1	2.9	2	2.6
Herdado	1	2.4	1	2.9	2	2.6
Poupança	2	4.9	2	5.7	4	5.3
Família/Amigos	27	90.2	41	88.6	68	89.5
Pertencimento a um grupo social						
Pertencimento à cooperativa	18	58.6	24	53.3	44	55.2
Pertencimento a um clube/sociedade	7	22.5	6	13.3	13	17.1
Pertencimento a uma religião	2	6.4	4	8.3	6	7.8
Associação						

Pertencente a Geração de rendimentos	1	3.2	10	22.2	11	14.4
Pertencimento ao Governo (Agricultural Bank/Amazon)	3	9.3	1	2.2	4	5.2
Força da rede social						
Fraco	6	14.6	2	5.7	8	10.2
Forte	16	63.4	35	71.4	51	67.1
Muito forte	9	22.0	6	17.1	15	22.7

Cont. Quadro 4.6. Caraterísticas do sector não agrícola

Tipo	Tipos de actividades não agrícolas					
	Estável		Instável		Total	
	Freq.	%	Freq.	%	Freq.	%
Acesso ao crédito						
Sim	11	58.5	32	65.7	43	61.8
Não	20	48.8	13	34.3	33	38.2
Organização financeira a que o empréstimo foi solicitado						
Nenhum	20	64.5	13	28.8	33	43.5
Cooperativa	7	22.6	30	46.7	37	48.7
Clube/Sociedade	2	6.5	1	2.2	3	3.9
Associação religiosa	1	3.2	0	13.3	1	1.3
Grupo gerador de rendimentos	1	3.2	0	0.0	1	1.3
Governo(Agricultura Banco/Amazon)	0	0.0	1	2.2	1	1.3

4.5. Obtenção de uma profissão pelos inquiridos

Os resultados da tabela 4.7 mostram que todos os inquiridos frequentaram formação profissional nos últimos 3 anos, formação essa que se baseou na sua categoria de exploração não agrícola. Os pormenores do tipo de formação mostram que os inquiridos com uma exploração não-agrícola estável, na sua maioria 51,6%, tiveram formação no local de trabalho, 38,7% tiveram formação em criação de animais e 3,2% em gestão de culturas, enquanto tiveram formação no local de trabalho. Os resultados do inquérito também mostraram que os chefes de família com uma atividade não agrícola estável tiveram sobretudo formação no local de trabalho devido à natureza do seu trabalho e à criação de animais porque se concentraram na criação de gado para fins comerciais. Por outro lado, o grupo com um fluxo instável de rendimentos recebeu mais formação em gestão de culturas, de modo a aumentar a produção da empresa como forma de combater a pobreza e satisfazer a procura do agregado familiar

Tabela 4.7. Tipo de formação profissional dos inquiridos

	Item	Freq.	%
Estável			
	Nenhum	2	6.5
	Formação no local de trabalho	16	51.6
	Criação de animais	12	38.7
	Gestão das culturas	1	3.2
Instável			
	Nenhum	7	15.6
	Formação no local de trabalho	4	8.9
	Criação de animais	9	20.0
	Gestão das culturas	25	55.5

4.6Impacto das actividades não agrícolas na melhoria das explorações agrícolas dos inquiridos

4.6.1. Investimento do agregado familiar pelos inquiridos

Conforme relatado nos resultados da tabela 4.8, os inquiridos com rendimento estável (40,8%) concentraram-se no investimento em gado para ganhos em dinheiro, enquanto 59,2% dos inquiridos com rendimento instável concentraram-se no investimento na expansão da exploração agrícola para segurança alimentar. Nota: as duas categorias de inquiridos também revelaram ter adotado ambas as formas de melhoramento da empresa, como mostra a tabela 4.11

Quadro 4.8 Investimento das famílias pelos inquiridos

Concentração de melhorias nas explorações agrícolas no passado 3 anos		**Segurança alimentar**		**Agricultura comercial**	
Tipo de Não-agrícola	**Artigo**	**Freq.**	**%**	**Freq.**	**%**
Estável	Pecuária	31	40.8	0	0.0%
Instável	Expansão da exploração agrícola	0	0.0%	45	59.2

4.6.2 Ativo do agregado familiar dos inquiridos

Os inquiridos na tabela 4.9 foram informados de que adquiriram bens do agregado familiar que vão desde o gerador 96,1%, recolha 28,9%, e carro 35,5%, o que implica que os bens dos inquiridos têm acesso principalmente ao gerador (96,1%). Isto deve-se a uma falha frequente no fornecimento de eletricidade nas áreas estudadas. Os inquiridos que reportámos adquiriram uma carrinha (28,9%) e um carro (35,5%). Estes meios são importantes para os agricultores, para que possam transportar os seus produtos agrícolas da quinta para casa e para o mercado.

Tabela: 4.9 Bens do agregado familiar dos inquiridos

Artigo	Tipos de actividades não agrícolas					
	Estável		Instável		Total	
	Freq.	%	Freq.	%	Freq.	%
Gerador						
Sim	30	96.7	43	94.3	73	96.1
Não	1	3.2	2	5.7	3	3.9
Recolha						
Sim	9	22.0	13	37.1	22	28.9
Não	22	78.0	32	62.9	54	71.1
Automóvel						
Sim	16	39.0	11	31.4	27	35.5
Não	15	61.0	34	39.6	49	64.5

4.6.3 Estratégia agrícola dos inquiridos

O resultado da tabela 4.10 mostra que a maioria dos inquiridos com rendimentos estáveis investiu em gado 83,9% em bovinos de carne e 38,7% em ovinos, enquanto os inquiridos com rendimentos não agrícolas instáveis adoptaram sobretudo cabras 82,2%, aves de capoeira 80,0% e milho 82,2% como estratégia de investimento agrícola. Isto implica que os inquiridos com rendimentos não agrícolas estáveis adoptaram sobretudo a criação de gado para fins comerciais, enquanto o outro grupo com rendimentos instáveis adoptou a criação de milho e o investimento em aves de capoeira para segurança alimentar.

Tabela: 4.10 Estratégia agrícola dos inquiridos

Artigo	Tipos de actividades não agrícolas				Total	
	Estável		Instável			
	Freq.	%	Freq.	%	Freq.	%
Bovinos de carne						
Sim	26	83.9	8	28.9	34	44.7
Não	5	16.1	37	71.1	42	55.3
Ovinos						
Sim	12	38.7	6	13.3	18	23.6
Não	19	61.3	39	86.7	58	76.3
Cabra						
Sim	11	35.5	37	82.2	48	63.2

Não	20	64.5	8	17.8	28	36.8
Aves de capoeira						
Sim	8	25.8	36	80.0	17	22.4
Não	23	74.2	9	20.0	59	77.6
Milho						
Sim	10	32.2	32	71.1	42	55.3
Não	21	67.7	13	28.9	29	44.7

4.6.4 Investimento dos inquiridos na educação dos filhos

Outro tipo de investimento que se revela essencial para a população nigeriana é a educação das crianças. O quadro 4.11 revela que a maioria dos inquiridos com rendimentos estáveis envia os seus filhos para escolas privadas, ao passo que 75,6% dos inquiridos com rendimentos instáveis afirmam que os seus filhos frequentam escolas públicas, ao passo que 24,4% frequentam escolas privadas.

Na Nigéria, as escolas públicas são consideradas como um ensino de baixo nível, uma vez que as instalações escolares são deficientes devido à falta de pessoal nas escolas públicas. Para obter um ensino de qualidade e sólido para os seus filhos, os inquiridos com rendimentos estáveis investiram na educação dos seus filhos enviando-os para escolas privadas. Como revelam os resultados do estudo, 24,4% dos inquiridos com rendimentos instáveis também investiram na educação dos filhos, enviando-os para escolas privadas. Estes resultados revelam que os inquiridos com rendimentos estáveis têm um melhor conhecimento da qualidade do ensino nas escolas públicas, o que pode ser estipulado como resultado da sua compreensão do sistema e também do seu nível de escolaridade.

Tabela 4.11 Tipo de escola frequentada pelas crianças

Tipo de Não-agrícola	Tipo de escola frequentada pelas crianças			
	Privado		Público	
	Freq.	%	Freq.	%
Fonte de rendimento estável	31	100	0	0.0
Fonte de rendimento instável	11	24.4	34	75.6

4. 7 Determinantes da melhoria da exploração agrícola dos inquiridos

Para determinar os factores que influenciam o investimento agrícola dos inquiridos, foram aplicados modelos de regressão aos dados primários recolhidos através do inquérito aos agregados familiares. Foram focados dois tipos de melhoramento agrícola: segurança alimentar e agricultura comercial. O foco na segurança alimentar implicou que os inquiridos investiram na plantação de milho/produção de frango que os agricultores poderiam processar para o seu consumo doméstico e foi definido por 0 no modelo. Por outro lado, alguns inquiridos poderiam concentrar-se em actividades geradoras de rendimento, como a criação de gado, que foi definida por 1 no modelo. Os factores determinantes do tipo de melhoria da empresa foram analisados em função da idade dos inquiridos, do nível de educação do inquirido, da dimensão da terra, da rede social, do acesso a empréstimos e da educação dos filhos, que foi tratada como um investimento alternativo.

De acordo com o resultado do modelo logístico, todas as variáveis estimadas tinham os sinais esperados e 3 variáveis eram estatisticamente significativas. Estas variáveis foram o nível de educação mais elevado dos inquiridos (universitário e superior), a rede social e o rendimento com um valor de p <0,05). Os inquiridos com um nível de educação mais elevado (universitário e superior) têm maior probabilidade de obter um emprego estável não agrícola e de investir na agricultura comercial, como se pode ver na Tabela 4.5. A probabilidade de obter, estar ligado à rede social e ter um emprego estável não agrícola indica um aumento da probabilidade de obter uma agricultura comercial

No entanto, a melhoria da empresa comercial aumenta com a idade dos inquiridos, mas não é significativa. Isto indica que, para os idosos, este efeito diminui de importância, provavelmente porque a concentração na agricultura comercial deveria ser mais do interesse dos agricultores mais jovens. A participação na melhoria das explorações agrícolas com base no emprego fora da empresa está positivamente relacionada com a dimensão da terra, mas não é significativa. Isto deve-se ao facto de quase todos os inquiridos possuírem uma dimensão de terra semelhante, 1,15 hectares. O empenhamento na melhoria comercial da exploração agrícola não depende, no entanto, de empréstimos e da educação dos filhos numa escola privada. A educação, a rede social e o tipo de atividade não agrícola são os factores determinantes mais importantes da melhoria da exploração agrícola comercial entre os agregados familiares rurais da área de estudo.

Tabela 4. 12 Factores que determinam a melhoria da exploração agrícola dos inquiridos (Estimativa do modelo logístico; n=76)

Variável na equação

	B	S.E	Wald	df	Sig	Exp(B)
Passo 1ª idade	.040	.044	.823	1	.364	1.041
Nível de educação (4)	.3.233	1.334	5.879	4	*.015	.039
Tamanho do terreno	1.385	0.981	1.992	1	.358	0.250
Rede social	-1.743	.773	5.081	1	*.024	.175
Acesso ao empréstimo	0.275	1.094	0.063	1	0.275	0.250
Rendimento	1.542	0.810	3.627	2	*0.057	4.676
Educação de crianças (privado)	.818	.723	1.280	1	.258	.441
Constante	1.237	2.145	.332	1	.564	3.444

a. Variável(eis) introduzida(s) na etapa 1: v2, v3, v12, v13, v72, v73

CAPÍTULO 5

CONCLUSÃO E RECOMENDAÇÃO

5.1 Conclusões e discussões

O estudo baseou as suas conclusões em dados recolhidos em 11 bairros das áreas da administração local de Sarduana do Estado de Taraba, na cintura média da Nigéria. Este capítulo está dividido em duas secções principais. A primeira secção apresenta as conclusões retiradas dos resultados da investigação e da discussão. A segunda secção apresenta algumas recomendações para melhorar a exploração agrícola e sugere estudos futuros.

Esta investigação argumenta que o emprego rural não agrícola é uma condição prévia para a melhoria das explorações agrícolas e uma estratégia para escapar à pobreza. Os dados e as evidências gerados pela literatura e pelo inquérito aos agregados familiares mostram que os rendimentos não agrícolas têm sido utilizados como um meio importante para melhorar a produção agrícola e esta tendência é semelhante à situação em muitas economias em desenvolvimento.

O estudo tem como objetivo investigar o efeito do emprego rural não agrícola na melhoria das explorações agrícolas na Nigéria, utilizando o quadro de meios de subsistência sustentáveis. Estes factores incluem o capital humano (idade, educação e trabalhadores familiares agrícolas e não agrícolas), capital social - significa ligação de (organizações sociais, por exemplo, afiliações familiares, sindicatos cooperativos, rede de ligações), capital financeiro, propriedade de não agrícolas e terra (propriedade e dimensão da exploração) que foram explorados em capítulos anteriores. O estudo explorou ainda as ligações entre actividades agrícolas e não agrícolas.

As estratégias não agrícolas utilizadas pelos pobres das zonas rurais incluem empregos não agrícolas estáveis e instáveis. As actividades não agrícolas estáveis são as que visam manter um fluxo constante de rendimentos para evitar a privação e a fome e parecem ter rendimentos mais baixos. O emprego não-agrícola instável, apesar de proporcionar um rendimento médio mais elevado, implica um tipo de emprego não-agrícola com um fluxo de rendimento instável.

A investigação procurou identificar as lacunas de conhecimento e as questões relativas aos meios de subsistência rurais que serão úteis para os decisores políticos e as organizações (governamentais, comerciais e ONG) que procuram promover o desenvolvimento rural e implementar projectos que possam conduzir à redução da pobreza e ao desenvolvimento económico. Esta investigação destaca duas questões críticas que requerem uma intervenção política: a educação e a ligação em rede (para aqueles que têm outro trabalho não agrícola).

A agricultura continua a ser a principal atividade de subsistência, mas as actividades não agrícolas também contribuem significativamente para os meios de subsistência rurais. A fim de garantir que as pessoas satisfaçam as suas necessidades em termos de rendimento e de alimentação e gerem riqueza, as políticas devem assegurar a promoção de ambos os sectores. O acesso à educação (diploma universitário) e a ligação em rede das pessoas com outras actividades não agrícolas conduzirão à melhoria das explorações agrícolas e, consequentemente, ao crescimento da economia rural.

O estudo revela que o nível de instrução dos chefes de família é baixo. De acordo com estas conclusões, a investigação identifica que é necessário dar mais ênfase à educação para tirar esta sociedade da sua atual situação de pobreza. Estes resultados provam que 53,7% dos inquiridos têm baixos níveis de escolaridade, o que os obriga a adotar trabalhos com rendimentos instáveis para fazer face às despesas domésticas e a outras despesas não alimentares do agregado familiar.

O resultado do modelo logístico indica que 3 variáveis foram estatisticamente significativas, o nível mais elevado de educação dos inquiridos (universidade e superior), a rede social e o rendimento com um valor de $p < 0,05$). Os inquiridos com um nível de educação mais elevado (universitário e superior) têm maior probabilidade de obter um emprego estável fora da exploração agrícola e de investir em gado para ganhar dinheiro, como se mostra na Tabela 4.7, a probabilidade de obter educação superior, emprego estável e acesso a empréstimos. O modelo prevê os factores determinantes da melhoria das explorações agrícolas com um nível de significância de 1%. No que diz respeito às caraterísticas individuais do inquirido, a idade, o nível de educação, a rede social, o tipo de atividade não agrícola e o acesso a empréstimos têm mais efeito sobre o tipo de investimento na exploração agrícola. A melhoria das explorações agrícolas aumenta com a idade dos inquiridos, mas para os idosos este efeito diminui de importância, provavelmente porque a concentração poderia ter sido transferida para a educação das crianças.

O estudo também concluiu que todos os agricultores utilizaram os rendimentos não provenientes da empresa para melhorar o investimento na exploração agrícola e a educação das crianças. O grupo de rendimento estável tende a investir na produção animal e a investir muito na educação das crianças, enquanto o outro grupo investe na expansão da empresa e gasta menos na educação dos filhos, enviando-os para a escola pública. Esta conclusão não é diferente da de Igwe, P. A. (2013). que mostrou que a educação não é um fator importante que determina o nível de melhoria das explorações agrícolas. No entanto, a educação pode contribuir para que os agricultores possam adotar novas tecnologias e variedades melhoradas, o que pode levar a um maior rendimento agrícola

5.3Recomendações

Com base nestas conclusões, valerá a pena que a política governamental se concentre no nível de escolaridade na área de estudo, o que constitui um constrangimento para o tipo de estratégia de subsistência utilizada pelas populações rurais pobres (estável e instável) para satisfazer as suas necessidades diárias.

A política deve igualmente visar a formação e o reforço das capacidades na área de estudo, etc., a fim de reforçar a capacidade institucional, bem como a formação e o reforço das capacidades dos beneficiários dos empréstimos no que respeita às suas operações e à gestão dos fundos. Deve ser incentivada a formação de cooperativas de agricultores, que constituem um bom instrumento para a transmissão de uma educação funcional que inculque nos agricultores a poupança, a responsabilidade e a responsabilização, bem como competências de gestão eficientes.

É necessário aumentar a frequência do ensino nas zonas rurais através de programas que promovam o ensino gratuito (especialmente para os agregados familiares mais pobres), uma vez que o ensino superior aumenta as possibilidades de aquisição de uma atividade não agrícola estável. A fim de aumentar a melhoria das explorações agrícolas e das pequenas e médias empresas, as pessoas devem ser incentivadas a formar cooperativas, a fim de reunirem os seus recursos para obterem economias de escala que permitam a utilização de equipamento moderno para a agricultura, a transformação e o fabrico em grande escala.

A avaliação recomenda que a política governamental se concentre na criação de emprego em actividades não agrícolas e agrícolas, para além de encontrar oportunidades para melhorar a criação de gado em pequena escala para fins comerciais na área de estudo.

5.3.1 Implicações para a investigação futura

Com base nas conclusões do presente estudo, há perspectivas de novos trabalhos de investigação. Há a perspetiva de uma análise mais pormenorizada da contribuição do emprego rural não agrícola para a melhoria das empresas e, finalmente, há necessidade de investigação futura sobre a diversificação dos meios de subsistência rurais não agrícolas e a redução da pobreza.

Valeria a pena alargar a análise do estudo a outras regiões da Nigéria. Isto ajudará a analisar o efeito das actividades rurais não agrícolas na melhoria das explorações agrícolas nas várias zonas ecológicas e a comparar diferenças e semelhanças nas várias oportunidades e estratégias de subsistência da população rural

REFERÊNCIAS

Abimbola O Adepoju e Olaniyi O. Oyewole. (2014). **Diversificação dos meios de subsistência rurais e desigualdade de rendimentos** na área do governo local de Akinyele, Ibadan, estado de Oyo, Nigéria. Jornal de Ciências Agrícolas. Vol. 59, No. 2, 175-186.

Adefolalu, A. A. (1992). Poverty in Nigeria; **Some of Its Dimensions and Consequences** (Pobreza na Nigéria; **Algumas das suas Dimensões e Consequências**). SECOM. Publicação Associada, Ibadan, Nigéria.

Adepoju, A. O., & Oyewole, O. O. (2014). **Diversificação dos meios de subsistência rurais e desigualdade de rendimentos** na área governamental local de Akinyele, Ibadan, estado de Oyo, Nigéria. Jornal de Ciências Agrícolas, Belgrado, 59(2), 175-186.

Addison, T., D. Hulme e Kanbur, R. (2008). **Dinâmica da pobreza: Measurement and understanding from an interdisciplinary perspective**. Documento de trabalho n.º 19 do Brooks World Poverty Institute. httpf/ssrm. co m/abstract= 1246882

Aigbokhan, B. E. (2000). **Poverty, Growth, and Inequality** in Nigeria (**Pobreza, crescimento e desigualdade** na Nigéria): A case study (Vol. 102). Consórcio Africano de Investigação Económica.

Ajakaiye, D. O., & Adeyeye, V. A. (2001). **Concepts, measurement and causes of poverty**. Central Bank of Nigeria Economic and Financial Review, 39(4), 8-44.

Aikaeli, J (2010). **Determinantes do rendimento rural na Tanzânia**: uma abordagem empírica. Relatório de Investigação 10/4, Dares Salaam, REPOA.

Ahmed, R. e Hossain, M. (1990) **Development Impact of Rural Infrastructure in Bangladesh**, Research Report No. 83, *International Food Policy Research Institute,* Washington, DC.

Anselm A. Enete, Taofeeq A. Amusa. (vol. 4 2010). **Desafios da adaptação agrícola às alterações climáticas** na Nigéria: uma síntese da literatura. Relatório científico da ação de campo.

Arun, S. (2008). '**Gestão de activos e contextos de vulnerabilidade**: Vistas of gendered livelihoods of adivasi women in South India". Instituto Brooks para a Pobreza Mundial (BWPI). Documento de trabalho n.º 32. Manchester, Reino Unido: Universidade de Manchester

Barrett, C. B., Reardon, T., & Webb, P. (2001). **Nonfarm income diversification and household livelihood strategies** in rural Africa: concepts, dynamics, and policy implications. Food policy, 26(4), 315-331.

Bresciani, F., & Valdés, A. (2007). **Para além da produção de alimentos: o papel da agricultura na redução da pobreza**. Food & Agriculture Org.

Bouahom, B., Douangsavanh, L., & Rigg, J. (2004). '**Building sustainable livelihoods** in Laosuntangling farm from non-farm, progress from distress', Geoforum, 35(5): 607-619.

Bryceson, D. 1996. "**Deagrarianization and rural employment in sub-Saharan Africa**: a sectoral perspective". World Development 24,1:97-111.

Canagarajah e Thomas (2001) "**Poverty in a wealthy Economy**; The Case of Nigeria" Journal of African Economies 10(2):143-73

Cervantes-Godoy, D., & Dewbre, J. (2010). **Importância económica da agricultura** para a redução da pobreza.

Central Bank of Nigeria (2007) **CBN Annual Report and Statement of Account** for the Year Ended 31st December, 2007.

Canagarajah e Thomas (2001) "**Poverty in a wealthy Economy**; The Case of Nigeria" Journal of African Economies 10(2):143-73

Christiaensen, L., e L. Demery (2007). '**Down to Earth - Agriculture and Poverty Reduction** in Africa'. Washington, DC: Banco Mundial.

Collier, P. e Dercon, S. (2009) **African agriculture in 50 years: smallholders in a rapidly changing world?** Documento para a reunião de peritos da FAO sobre "How to feed the world in 2050", FAO, Roma, 24-26 de junho de 2009.

Colclough, C., Rose, P. & Tembon, M. 2000. **Gender Inequalities in Primary Schooling**: The Roles of Poverty and Adverse Cultural Practice. International Journal of Educational Development 20:5-27

Collier, P. e J.W. Gunning (1997), '**Explaining African Economic Performance**', Centre for the Study of African Economies, WPS97-2.1, Oxford.

Davis, J. R. (2003). **The Rural-Non-Farm Economy, Livelihoods and their Diversification: Issues and Options. Livelihoods and their Diversification**: Issues and Options (julho de 2003).

Deere, C. D. e Unidos, E. (2010). **"Pobreza, chefia e desigualdade de género na posse de bens na América Latina. Programa de género, desenvolvimento e globalização**. Universidade Estadual de Michigan.

Deininger, Klaus W. & Mpuga, Paul, 2003. "**Land Markets In Uganda: Incidence, Impact and Evolution Over Time**," Reunião Anual de 2003, 16-22 de agosto de 2003, Durban, África do Sul

Dercon, Stefan, Daniel Gilligan, John Hoddinott e Tassew Woldehanna. 2006. **"The Impacts of Roads and Agricultural Extension on Crop Income, Consumption, and Poverty** in Fifteen Ethiopian Villages". Mimeo, Universidade de Oxford, Oxford.

DFID (199) **The Sustainable Livelihoods Approach** (SLA) concept and framework page 149

Diao, X., Hazell, P. B., Resnick, D., & Thurlow, J. (2007). **The role of agriculture in development: Implications for Sub-Saharan Africa** (Vol. 153). Instituto Internacional de Investigação sobre Política Alimentar.

E. Fabusoro (2010) **Forms and Determinants of Rural Livelihoods Diversification** in Ogun State, Nigeria (**Formas e determinantes da diversificação dos meios de subsistência rurais** no Estado de Ogun, Nigéria)

Ellis, F., & Freeman, H. A. (2004). **Meios de subsistência rurais e estratégias de redução da pobreza** em quatro países africanos. Journal of Development Studies, 40(4), 1-30.

Fan, S., e M. Rosegrant, 2008 **Investing in Agriculture to Overcome the World Food Crisis Reduce poverty and Hunger**, Policy Brief 12. Washington, DC: Instituto Internacional de Investigação sobre Políticas Alimentares

FAO. 2008a. O Estado da Alimentação e da Agricultura (SOFA) 2008 - **Biocombustíveis: perspectivas, riscos e oportunidades. Roma:** Organização das Nações Unidas para a Alimentação e a Agricultura.

Freeman, H. A., Ellis, F. e Allison, E. (2004) "**Livelihoods and Rural Poverty** in Kenya", *Development Policy Review Vol. 22 (2),* 147-171

Foster, J. E., & Shorrocks, A. F. (1988). **Poverty Orderings. Econometrics**: Journal of the Econometric Society, 173-177.

Haggblade, S., Hazell, P., & Reardon, T. (2005, junho). **The rural nonfarm economy**: Pathway out of poverty or pathway in? Em International Food Policy Research Institute. The future of small farms. Actas de um seminário de investigação, Wye, Reino Unido (pp. 151-178).

Haggblade, S., Hazell, P. B., & Reardon, T. A. (2002). **Strategies for stimulating poverty-alviating growth in the rural nonfarm economy in developing countries** . Instituto Internacional de Investigação sobre Política Alimentar, Divisão de Tecnologia Ambiental e de Produção.

Haggblade, S., Hazell, P., & Reardon, T. (2010). **The rural non-farm economy**: Prospects for growth and poverty reduction. World Development, 38(10), 1429-1441.

IFAD (2008) **The Importance of Agro-industry For Social Economic Development and Poverty Reduction,** Discussion Paper: Comissão das Nações Unidas para o Desenvolvimento Sustentável, 16ª Sessão, Nova Iorque, 5 - 16, maio. http://www. ifad.org/events/csd.pdf

FIDA (2009a) **República Federal da Nigéria, Avaliação do Programa Nacional**, setembro de 2009, Relatório n.º 1959-NG, Fundo Internacional de Desenvolvimento Agrícola.

FIDA (2009b) **Rural Enterprise and Poverty Reduction**, Divisão da Ásia e do Pacífico, Fundo

Internacional de Desenvolvimento Agrícola.

Igwe, P. A. (2013). **Rural non-farm livelihood diversification and poverty reduction** in Nigeria (**Diversificação dos meios de subsistência rurais não agrícolas e redução da pobreza** na Nigéria).

Fundo Internacional de Desenvolvimento Agrícola (FIDA) (2011 -2015) **Relatório Anual FIDA** . 2011b. Ponto de vista: Os pequenos agricultores podem alimentar o mundo. Rome: Fundo Internacional para o Desenvolvimento Agrícola.www. ifad.org/pub/viewpoint/index.htm (acedido em 20 de janeiro de 2013)

Jehovaness Aikaeli, **Determinants of Rural Income** in Tanzania: An Empirical Approach' Research Report 10/4 Dar es Salaam, REPOA

Kusters K., de Foresta H., Ekadinata A. e van Noordwijk M. 2007. **Towards Solutions for State vs. Local Community Conflicts over Forestland**: The Impact of Formal Recognition of User Rights in Krui, Sumatra, Indonesia. Human Ecology 35(4): 427-438.

Kusters K., Ruiz Pérez M., de Foresta H., Dietz T., Ros-Tonen M., Belcher B., Manalu P., Nawir A. e Wollenberg E. 2008. **As agroflorestas vão desaparecer**? O caso das agroflorestas de Damar na Indonésia. Human Ecology 36(3): 357-370

Ladele, A.A (ed): **Actas do 17th Congresso Nacional Anual** da Associação Sociológica Rural Nigeriana.141-146.

Ligon, E., e E. Sadoulet (2007). **Estimating the Effects of Aggregate Agricultural Growth on the Distribution of Expenditures" [Estimar os efeitos do crescimento agrícola agregado na distribuição das despesas]**

McKay, A. (2009). **Os activos e a pobreza crónica:** Background paper. Documento de trabalho n.° 100. Centro de Investigação da Pobreza Crónica. Universidade de Sussex, Brighton, Reino Unido.

MP, R. H. (2005, 7 de dezembro). **Crescimento e Redução da Pobreza:** The Role of Agriculture. Recuperado de Growth and Poverty Reduction: the Role of Agriculture: http://dfid-agricultureconsultation.nri.org/

National Bureau of Statistics (2006) **Social Statistics** in Nigeria, NBS.

National Bureau of Statistics (2007) **Social Statistics in Nigeria**, República Federal da Nigéria, NBS. http://www.nigerianstat. gov.ng/

NBS (2010) **Resumo do Gabinete Nacional de Estatística da Nigéria: Sources of Income for Households** in Nigeria LSMS-ISA, Integrated Surveys on Agriculture. www.nigerianstat.gov.ng

Olawepo, R. A. (2010). **Determinação do rendimento dos agricultores rurais**: uma experiência rural na Nigéria. Jornal de Estudos Africanos e Desenvolvimento, 2(3), 99-108.

Onyeiwu e Liu, (2011) **Determinantes da pobreza de rendimentos na África rural**: um estudo comparativo do Quénia e da Nigéria

Oruoye, E. (março de 2011). **Reduzir a pobreza rural e desenvolver oportunidades de subsistência através da agricultura de irrigação** no Estado de Taraba, Nigéria. Revista Internacional de Ciências Vegetais, Animais e Ambientais Volume 1.

Oxaal, Z. (1997). "**Educação e Pobreza: A Gender Analysis** Report Preprep For The Gender Equlity Unit. Agência Sueca de Cooperação para o Desenvolvimento Internacional (SIDE)

Paxton, W. (2002). **Os activos e a definição de pobreza**. Em Kober, C. e **Asset-based welfare and poverty: exploring the case for and against asset-based welfare policies**. Londres: Institute for Public Policy Research e End Child Poverty, 9-12.

Pitt, M., Rosenzweig, M. & Hassan, N. (1990), **Productivity, Health, and Inequality in the Intrahousehold Distribution of Food in Low-Income Countries**, American Economic Review, 80(5), pp. 1139-1156.

Ravallion, M., & Chen, S. (2007). **China's (uneven) progress against poverty**. Journal of development economics, 82(1), 1-42.

Ravallion, M. (2009). **Uma perspetiva comparativa sobre a redução da pobreza** no Brasil, na China e na Índia. World Bank Policy Research Working Paper Series, Vol.

Reardon, T., J. Berdegue e G. Escobar, 2002. **Rural non-farm employment and incomes** in Latin America:

Reardon, T., 1997, "**Using Evidence of Household Income Diversification to Inform Study of the Rural Nonfarm Labor Market** in Africa", World Development, Vol. 25, No. 5, pp. 735-747

Rout H. (2006), **Gender Inequality in Household Health Expenditure** : The Case of Urban Orissa. Nagarlok 3 XXXVIII: 44-48.

Santosh K. Mehrotra, Enrique Delamonica (2007) **Eliminating Human Poverty: Políticas Macroeconómicas e Sociais para um Crescimento Equitativo**

Salahu, B.F, Omoyajowo, O.A. e Oyegbami, A. (2008). **Role of livelihood diversification in agricultural transformation among rural women** in Lagelu local government area of Oyo State, Nigeria. Em

SEN, A. 1999. **Development as freedom**, Oxford, Oxford University Press.

Stephen, O., & Lenihan, E. (2010). **Rural Livelihood Insecurity** in Eksako East of Edo State, Nigeria (**Insegurança dos meios de subsistência rurais** em Eksako Este do Estado de Edo, Nigéria). Jornal de Desenvolvimento Sustentável, 5(1/2), 1-11

Solesbury, W. (2003). **Meios de subsistência sustentáveis**: A case study of the evolution of DFID policy. Londres: Overseas Development Institute.

Tadaro, M (1989) **Economic for Development in the Third World** Fourth Edition, Longman, New York & London

Timóteo, A. T. (2011). **Rural non-farm incomes and poverty reduction in Nigeria (Rendimentos rurais não agrícolas e redução da pobreza na Nigéria)**. Documento de investigação AERC 224 Consórcio Africano de Investigação Económica, Nairobi.

PNUD, 2008. **Programa das Nações Unidas para o Desenvolvimento. Desenvolvimento de capacidades: Empoderamento das pessoas e das instituições.** Relatório anual.

Vosanka I.P, A. M. (2014). **Análise do Padrão de Investimento dos Agricultores Cooperativos** na Área do Governo Local de Sarduana de Taraba, Nigéria. Agricultura e Ciências Veterinárias.

Wiggins, S., & Hazell, P. (2011). **Access to rural non-farm employment and enterprise development.** Documento **de referência** para o Relatório sobre a Pobreza Rural do FIDA

Woldenhanna, T., & Oskam, A. (2001). **Income diversification and entry barriers: evidence from the Tigray region of northern Ethiopia. Food Policy**, 26(4), 351-36

Banco Mundial (julho de 1999) **Human Capital and Growth: The Recovered Role of Education Systems Working Paper Series** - Policy Research Working Papers Pages: 1 - 28

Banco Mundial (maio de 2012) **Natural Capital: Gerir os recursos para um crescimento sustentável**. Crescimento Verde Inclusivo Páginas: 105-131

Banco Mundial. 2000. **The Quality of Growth**. Oxford: Oxford University Press.

APÊNDICES

APÊNDICES A

QUESTIONÁRIO SEMI-ESTRUTURADO

QUESTIONÁRIO AO AGREGADO FAMILIAR

Nome do Enumerador: __________________ Questionário n.º _____

O EFEITO DO EMPREGO RURAL NÃO AGRÍCOLA NA MELHORIA DA AGRICULTURA PARA OS AGRICULTORES NO ESTADO DE TARABA, NIGÉRIA.

Informações de base

1. Nome do inquirido [1] Sr. [2] Sra. ____________________________________
2. Address ____
3. Idade _____
4. Nível de ensino mais elevado

[1]Escola primária

[2]Escola secundária

[3]Politécnico/Faculdade

[4]Universidade e superior

[5]Outros Especificar ______________________

5. Ocupação principal da família [1] Agrícola [2] Não agrícola
6. Tipo de trabalho não agrícola ____

Situação socioeconómica da sua família

7. Quantos membros da família tem ________________________________
8. Quantos trabalhadores agrícolas há na sua família ________________________
9. Quantos trabalhadores não agrícolas há na sua família ____________________
10. Número de familiares migrados que trabalham noutro local _________________
11. Especificar o local de destino da migração _________________________________
12. Participou em alguma formação profissional? Nos últimos 3 anos [1]Sim [2] Não
13. Que tipo de formação é que foi? _____________________________________
14. Qual era a dimensão das suas terras agrícolas em 2013 _________________________ Hectares
15. Qual é a dimensão das terras da sua exploração agrícola em 2015 ___________________________ Hectares
16. Se diminuiu/aumentou nos últimos três anos, por favor descreva como isso aconteceu?

____

17. Tipo de cultura agrícola que cultiva para o mercado ______________________________
18. Quais são os problemas que encontra no trabalho agrícola?

____

____

____

19.Qual foi o Non-Farm mais importante em que participou?

____

20.Como é que adquiriu isto?

____

21.De onde veio o dinheiro utilizado no arranque do sector não agrícola? Selecione a principal

[1]Exploração agrícola ___ [2] Empréstimo ___ [3] Poupança ___ [4]Família/Amigos ___ [4] Não agrícola ___

22.Quais são os problemas do seu trabalho não agrícola?

____

____

____

Fontes e utilizações do rendimento familiar [Média por ano]

23.Rendimento médio obtido com o trabalho agrícola ₦ ________ por ano

24.Rendimento médio auferido em actividades não agrícolas ₦________ por ano

Total ____________

25.Despesa média familiar por ano

a. Trabalho assalariado ₦________ por ano

b. Insumos agrícolas ₦________ por ano

c. Insumo não agrícola ₦________ por ano

d. Alimentação ₦________ por mês

e. Não alimentar ₦________ por ano

fUtilidades [Combustível/Gás] ₦________ Por Mês

g. Educação de crianças ₦________ por ano

Total ____________

26.Nos últimos 3 anos, que montante dos rendimentos provenientes de actividades não agrícolas investiu em actividades agrícolas?

Porquê? Por favor, explique

____

____

____

Actividades sociais e capacidade de crédito

27.Os membros da sua família pertencem aos seguintes grupos

a. Cooperativa [1]Sim [2] Não

b. Clube/Sociedade [1]Sim [2] Não

c. Associação das Religiões [1]Sim [2] Não

d. Grupo gerador de rendimentos [1]Sim [2] Não

e. Governo (Banco Agrícola/Amazónia) [1]Sim [2] Não

f. Outros Por favor, especifique ______________________

28. Qual o montante do empréstimo a que a sua família teve acesso em 2014 ₦______________

29.Prazo do empréstimo ______________________________ Ano

30.O que é utilizado como garantia ______________________________

31.A que fonte de financiamento se candidatou? ______________

32.Que percentagem do empréstimo se destinava a ser utilizada para investimentos agrícolas ou não agrícolas?

[1] Farm ______________ %

[2] Não-agrícola ______________ %

33.Montante do pagamento do empréstimo₦______________________________ por ano

34.Qual é o nível mais elevado de educação dos seus filhos?

[1]Escola primária

[2]Escola secundária

[3]Politécnico/Faculdade

[4]Universidade e superior

35.Os seus filhos frequentam uma escola privada? [1]Sim [2] Não

36.Qual é a fonte de financiamento para a educação das crianças? [1] Agrícola [2] Não agrícola [3] Agrícola e não agrícola

F braço

37. Possui os seguintes activos em 2015 e 2012?

Activos	**Contagem em 2012**	**Contagem em 2015**	**Mudança no número**
Gerador			
Uma carrinha de caixa aberta			
Automóvel			
Bomba de água			
Bovinos de carne			
Ovinos			
Cabras			

Aves de capoeira			
Outros ___________________			

38.De onde vieram os rendimentos para os comprar? [1] Agrícola [2] Não agrícola [3] Agrícola e não agrícola

Melhoria da exploração agrícola

39.Nos últimos três anos, qual é o investimento agrícola mais importante que fez?

____

____

____

40.Proporção da fonte de rendimento que gastou em melhoramentos na exploração?

a. Fazenda% ___________

B. Não-agrícola % ____________

C. Poupança% ____________

D. Agrícola e não agrícola% ____________

41.Expectativa sobre o futuro compromisso da atividade não agrícola

(1) Bom (2) Moderado (3) Mau estado ______________________________________

42.As suas expectativas quanto ao futuro envolvimento da atividade agrícola

(1) Bom (2) Moderado (3) Mau estado ______________________________________

PATRICK ELVIS

Endereço de correio eletrónico: presleyelvis02@yahoo.com

Número de telefone: +66922354933

Nongluck Suphanchaimart,

Departamento de Economia Agrícola, Universidade de Khon Kaen

Correio eletrónico: nongluck@kku.ac.th

PERFIL PESSOAL

Capacidade de trabalhar como chefe de equipa ou parte de uma equipa, ter boas capacidades de planeamento/organização, bem como de cumprir regras e dar o meu melhor mesmo quando trabalho sob pressão.

DADOS BIOGRÁFICOS PESSOAIS:

Data de nascimento	15 de janeiro[th] 1983
Sexo:	Masculino
Estado civil:	Casado
Nacionalidade:	Nigéria
Prática da religião:	O cristianismo.
Línguas faladas:	Inglês, Hausa e Tailandês

HISTÓRIA ACADÉMICA	**DATAS**
✦ Universidade de KhonKaen, KhonKaen, Tailândia.	2014-2015
✦ Universidade Americana da Nigéria, Estado de Adamawa	2009
✦ Universidade Estatal de Adamawa Mubi, Estado de Adamawa	2005 - 2009
✦ Universidade de KhonKaen, Tailândia, e Universidade de Auckland, Nova Zelândia.	2015

QUALIFICAÇÃO OBTIDA

- Mestrado em Gestão do Desenvolvimento Rural (MA A aguardar resultado)
- Certificado em Tecnologias da Informação e da Comunicação
- Licenciatura em Ciências (BSc Administração de Empresas)
- Metodologia de investigação qualitativa e mista

EXPERIÊNCIA PROFISSIONAL	**DATA**
Escola Municipal de Suansanuk Khon Kean, Tailândia	**abril de 2013 a julho de 2014**

Cargo: Agente contratual

Deveres e responsabilidades

- Ensino de inglês, matemática, ciências e educação para a saúde
- Preparar a lição e os materiais didácticos
- Avaliar o progresso dos alunos
- Interação com os pais e orientação sobre os progressos dos alunos
- Coaching em actividades extra-curriculares

Banco Stanbic IBTC PLC Lagos, Nigéria junho de 2012 a março de 2013

Cargo: Agente contratual

Deveres e responsabilidades

- Atuar como primeira pessoa de contacto para os clientes externos.
- Manter e atualizar os dados de contacto dos clientes na ferramenta Contact Center.
- Ajudar a garantir que o centro de atendimento ao cliente está sempre a funcionar,
- Documentar e comunicar qualquer interrupção do serviço ao canal adequado.
- Ajudar no desenvolvimento e manutenção de uma base de dados de clientes, fornecendo
- Perfil do cliente.
- Assegurar a prestação efectiva de respostas a perguntas e pedidos de informação do público sobre

Consultor de segurança e fornecedor de soluções, Lagos Nigéria janeiro de 2011/fevereiro de 2012

Cargo: Responsável pela segurança

Deveres e responsabilidades

- Avaliação dos riscos.
- Análise das consequências e auditoria de segurança.
- Auditoria ambiental e avaliação ambiental.
- Desenvolvimento de políticas e manuais de HSE e manutenção do sistema.
- Classificação de perigo.
- Relatório de Acidentes e Incidentes.

Corpo Nacional de Serviço para Jovens (NYSC) Estado de Bayelsa, Nigéria 2009/2010

Cargo: Professor / Oficial de Ligação de Corpa (CLO)

Deveres e responsabilidades

- Tutor (S.S 1 - S.S 3 Comércio)
- Liderança de reuniões
- Preparar o relatório de necessidades para o coordenador zonal
- Supervisionar o bem-estar dos membros do Corpo de Exército
- Organização do projeto de desenvolvimento comunitário
- Coordenação da conduta dos membros do corpo de exército

Africa Best Time Service, Estado de Bayelsa, Nigéria

Cargo: Diretor

Deveres e responsabilidades

- Reuniões de liderança
- Desenvolvimento do âmbito de trabalho para os empregadores
- Manutenção do registo diário da empresa
- Planeamento, conceção, desenvolvimento e gestão de actividades

COMPETÊNCIAS PESSOAIS

- Capacidade de cumprir os calendários de apresentação de relatórios, boa comunicação, paciência e motivação,
- Dedicação e auto-discrição, Liderança, Bom senso, Criatividade, Organização e administração, Estabelecimento de relações e Gestão do comportamento.
- Capacidade de cumprir os calendários de apresentação de relatórios
- Capacidade de trabalhar com os programas Excel, World e Power Point

HOBBIES:

Interagir com as pessoas, envolver-se no trabalho comunitário, trabalhar lado a lado com pessoas com mais e menos privilégios e viajar.

REFERÊNCIAS:

Prof. Assoc. Nongluck Suphanchaima rt

Departamento de Economia Agrícola

Universidade de Khon Kaen

Correio eletrónico: nongluck@kku. ac. th

Dr. Wongsa Lohasiriwong

Presidente do Conselho de Doutoramento (Saúde Pública)

Universidade de Khon Kaen

Tel. 66-8-73731199

Sra. Shella Bongkiyung

Escola Técnica de Khon Kaen

Khon Kaen, Tailândia.

Correio eletrónico: shella4all@yahoo.com

MIX
Papier aus verantwortungsvollen Quellen
Paper from responsible sources
FSC® C105338

Printed by Books on Demand GmbH, Norderstedt / Germany